ΣBEST シグマベスト

大学入試

化学基礎の最重要知識スピードチェック

目良 誠二 著

文英堂

■短時間で，入試に必要なことだけを，入試に役立つ形で覚えたい。これは，受験生の永遠の願いである。

■高校化学のなかでも，化学基礎の範囲では，問題が意味するところを正しく読み取り，的確に公式等にあてはめる力が要求される。この力は，漫然と問題を解くことを繰り返しても決して身に付かない。

■教科書の重要点をまとめた本は数多く出版されている。しかし，これらの本は，いうなれば「操作説明書のない立派な道具」であり，**「実戦でそれらのまとめをどう活用したらよいか」**まで書いた本は本書だけである。

■本書では，いままで学んだ知識を入試でそのまま使えるように，**「57の最重要ポイント」**として大胆にまとめ直した。また，重要なことがらについては視点を変えて繰り返しとりあげ，最重要ポイントを使いこなすワザを目立つ形でのせた。さらに，適所に入試問題例をのせてある。これらの問題が，本書の内容をおさえればスムーズに解けることを実感してほしい。受験生諸君の健闘を祈る。

目次

物質の構成と化学結合

物質量と化学反応式

酸・塩基の反応

酸化還元反応

参考　学習内容の理解をより深める事項を扱っています。

発展　「化学」で学習する範囲で，本文の理解を深める事項を扱っています。

1 物質の三態

物質の三態(固体・液体・気体)と構成粒子との関係をおさえる。

原子・分子・イオン

1 **固体**；物質を構成する**粒子**が互いに**決まった位置**にある。

固体のうち，**粒子が規則的に配列しているものを結晶**という。

解説 粒子は，温度に応じてその位置で振動しており，温度が高いほど激しく振動している。このような，温度に応じた粒子の運動を**熱運動**という。

2 **液体**；**粒子**が，**熱運動によって**その位置を互いに変えることができる状態で集合している。

3 **気体**；**粒子**が互いに**離れて高速で運動**している。

解説 温度が高いほど，粒子の速さが大きい。← 熱運動が激しい。

補足 固体は形と決まった大きさがある。液体は形が定まらないが大きさがある。気体は形も大きさもない。

三態の変化は，次のグラフの特徴をつかむ。

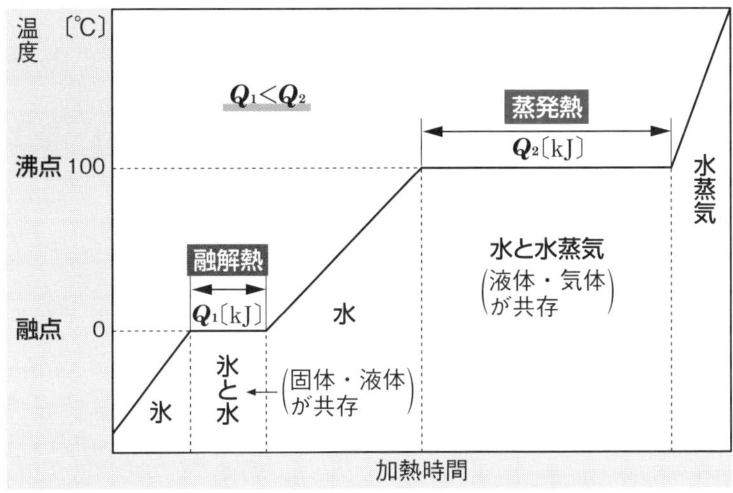

解説 ▶融点(凝固点)・沸点では，熱を加えても，温度は一定。
▶融解熱に比べて蒸発熱は大きい。

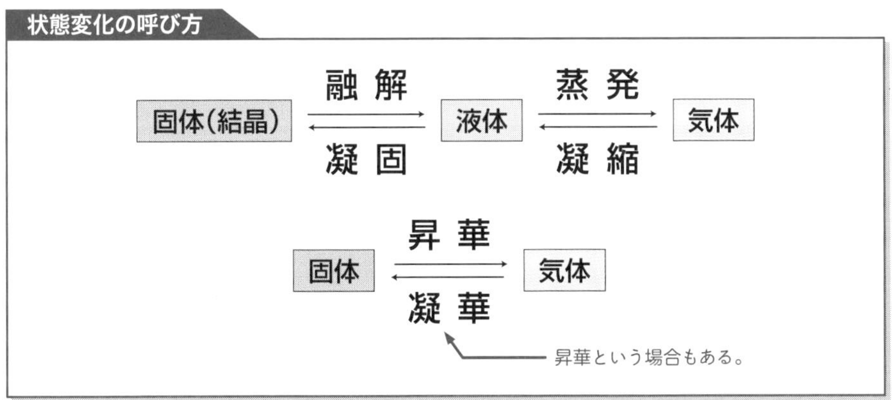

最重要 3

混合物の分離・精製について，次の点をおさえておく。

1

純物質…**1種類の物質**。

例 酸素，窒素，水素，鉄，水，塩化ナトリウム，エタノール

（酸素，窒素，水素，鉄 ← 単体　水，塩化ナトリウム，エタノール ← 化合物）

混合物…**複数の物質が混じり合ったもの。一定の沸点を示さない**。

例 空気，海水，石油，食塩水

2 物質の分離・精製方法

ろ過……ろ紙などを使って液体に溶けない固体を分離。

蒸留……**液体を加熱して発生した蒸気を冷却**し，目的の物質を得る。

（沸点の異なる液体の混合物を蒸留によって分離する方法を分留という。）

昇華法…**固体を加熱して発生した気体を冷却**し，目的の物質を得る。**ヨウ素・ナフタレン**

再結晶…適当な溶媒に溶かし，**冷却または溶媒の蒸発によって不純物を除いた純粋な結晶を得る**。

解説 **分離**は物質の性質の違いを利用して混合物から目的の物質を分ける操作。**精製**は，物質から不純物を取り除き，より純度の高い物質を得る操作。

最重要 4

ろ過の操作では，次の2点に着目する。

1 溶液を伝わらせる**ガラス棒**を用いる。ガラス棒の**下端はろ紙の重なったところ**にあてる。

解説 ろうとに入れる溶液をこぼさないようにするため。

〔ろ過のしかた〕

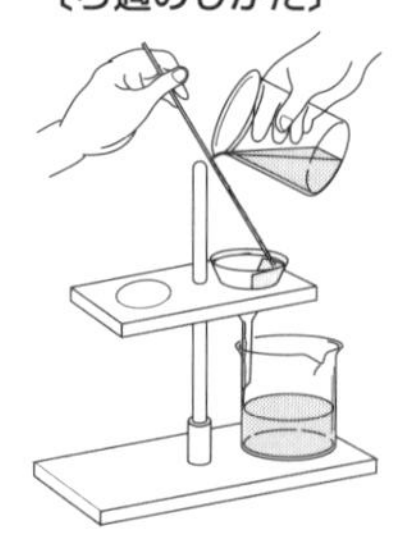

2 **ろうとの脚**は，ろ液を受け取る**ビーカーの側壁に接触**させる。

解説 ろ液がスムーズに流れ，また，飛び散らないようにするため。

蒸留装置では，次の4点に着目する。

1 **温度計の位置** ⇨ 温度計の**球部を枝つきフラスコの枝口**とする。

解説 液体の温度を測るのではなく，蒸気の温度を測る。

2 リービッヒ冷却器に流す **水の方向** ⇨ 冷却器の**下から上へ**流す。

解説 上から下へ流すと，水は冷却器の下側を流れ，蒸気の通るガラス管が冷えない。

3 **アダプター** と三角フラスコの間をゴム栓などで **密封しない**。

解説 密封すると，気体の出口がなくなり，容器が割れる危険性がある。

4 **沸騰石** を入れる ⇨ **突沸**(とっぷつ)**を防ぐ**。

解説 沸騰石は素焼きの小片など多孔質の固体で，沸騰を伴う操作がスムーズに行われる。

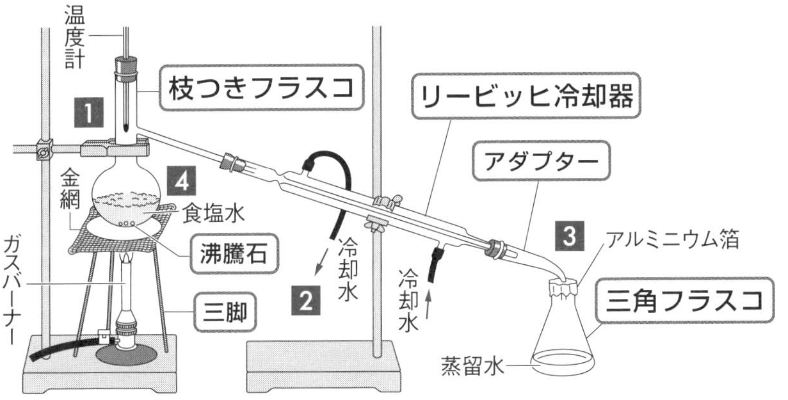

次の炎色反応の色は覚えておく。

Li；赤	Na；黄	K；紫	Cu；緑	Ca；橙	Sr；紅	Ba；緑
リアカー	ナ(無)キ	Kムラ(村)	ドウリョク(動力)	カル(借る)トウ	スルモクレナイ	バリョク(馬力)

解説 ▶これらの元素は，アルカリ金属とBe，Mg以外のアルカリ土類金属，および銅である。
▶おもに次の色で表現する。⇨ K；赤紫色，Cu；青緑色，Ca；橙赤色，Ba；黄緑色

よく出題される**同素体**は，硫黄S，炭素C，酸素O，リンP。

SCOP（スコップ）と覚える。

1 硫黄の同素体；斜方硫黄，単斜硫黄，ゴム状硫黄

常温で安定。（斜方硫黄）　常温で放置すると斜方硫黄になる。（単斜硫黄→斜方硫黄）

	斜方硫黄	単斜硫黄	ゴム状硫黄
化学式	S_8（環状）	S_8（環状）	S_x（鎖状）
状態	黄色・塊状	淡黄色・針状	黄～褐色・ゴム状
溶解性	CS_2に溶ける		CS_2に溶けない

水には溶けない⇨３種類の同素体の共通点。　多数のS原子。

補足　空気中で燃やすといずれの硫黄も**二酸化硫黄**となる。　$S + O_2 \longrightarrow SO_2$

2 炭素の同素体；ダイヤモンド，黒鉛，フラーレン，カーボンナノチューブ。

ともに共有結合の結晶（⇨ p.30）。

	ダイヤモンド	黒鉛（グラファイト）
化学結合	**4個の価電子（⇨ p.13）がすべて共有結合。** 炭素原子 共有結合 正四面体構造	**4個の価電子のうち，3個が共有結合。** 炭素原子 共有結合 この間は分子間力
状態	無色・透明	黒色・不透明
硬さ	非常に硬い	やわらかい
電気伝導性	なし	あり

これは共有結合の結晶の例外的な性質。

補足 ▶フラーレンはC_{60}，C_{70}などの球状分子。
▶カーボンナノチューブは黒鉛の平面構造が筒状になった構造。
▶燃焼すると，いずれも二酸化炭素となる。 $C + O_2 \longrightarrow CO_2$

3 酸素の同素体；酸素とオゾン

	酸素	オゾン
分子式	O_2	O_3
色・におい	無色・無臭	淡青色・特異臭
毒　性	なし	**酸化力強く有毒**

補足 オゾンは上空約20km付近の高さに多く存在し，このオゾンの多い層を**オゾン層**という。オゾン層は生物に有害な太陽からの紫外線を吸収して地表への到達量を抑えている。

4 リンの同素体；黄リンと赤リン

	黄リン	赤リン
化学式	P_4（正四面体分子）	P_x（網目状）
外観・毒性	淡黄色，ろう状固体，**猛毒**	暗赤色，粉末，毒性少ない
発　火	**自然発火**する ⇨ **水中に保存**	自然発火しない
CS_2に	**溶ける**	**溶けない**

補足 黄リン，赤リンどちらとも，燃えると白色の十酸化四リンが生成する。
$4P + 5O_2 \longrightarrow P_4O_{10}$

例題 硫黄の同素体

次の①～⑥の記述は，あとの**ア**～**エ**のどれにあてはまるか。
① 水に溶けない。
② 二硫化炭素に溶けない。
③ 常温で最も安定。
④ 針状結晶
⑤ 空気中で燃える。
⑥ 化学式がS_x
ア 斜方硫黄　**イ** 単斜硫黄　**ウ** ゴム状硫黄　**エ** いずれも共通

答 ① エ　② ウ　③ ア　④ イ　⑤ エ　⑥ ウ

2 原子の構造

最重要 8

$^{23}_{11}Na$から，Na原子の**陽子・電子・中性子の数**がわかるようにすること。

元素によって決まっている。

1 陽子の数＝電子の数＝原子番号

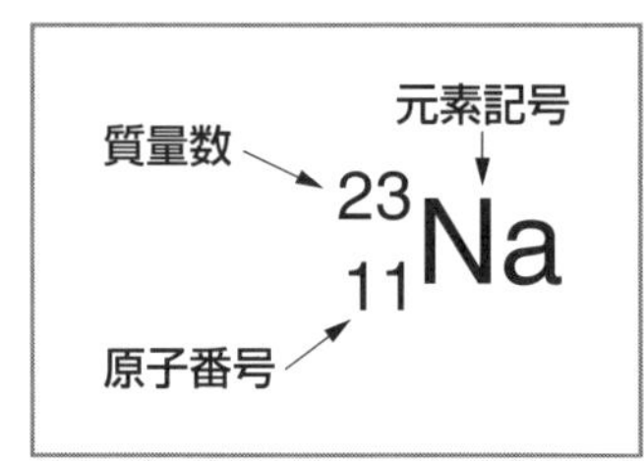

解説 Na原子は，原子番号11であるから，Na原子は陽子の数も電子の数も11個である。

2 陽子の数＋中性子の数＝質量数

解説 ▶ $^{23}_{11}Na$の中性子の数＝23－11＝12
▶ $^{1}_{1}H$の中性子の数は0。⇨ $^{1}_{1}H$以外の原子は中性子が存在する。

補足 **陽子の質量 ≒ 中性子の質量 ≒ 電子の質量×1840**
陽子の質量や中性子の質量に比べて，電子の質量は非常に小さい。したがって，**原子の質量**は，陽子と中性子の数の和である**質量数によって決まる**。

例題 原子番号・質量数と陽子・電子・中性子の数

$^{27}_{13}Al$の陽子の数，電子の数，中性子の数は，それぞれいくつか。

解説 原子番号が13であるから，陽子の数と電子の数は13。
質量数が27であるから，陽子の数が13より，中性子の数は，27－13＝14

答 陽子の数：**13**　電子の数：**13**　中性子の数：**14**

同位体は，何が同じで何が異なるかが重要。

1 同位体 ⇨ {原子番号 / 陽子の数 / 元素} が同じ，{質量数 / 中性子の数 / 質量} が異なる。

解説 同位体は，原子番号が同じで質量数が互いに異なる原子であり，「原子番号が同じ原子」は陽子の数が同じで，同じ元素である。「質量数が異なる」ことから，中性子の数と質量が異なる。

2 同位体 ⇨ 化学的性質は，ほとんど同じ。

解説 **化学的性質は電子の数で決まる。同位体は電子の数が同じ**であるから，同位体の化学的性質は同じになる。

補足 各元素の同位体の天然における存在比は一定である。

例 ダイヤモンドのCでも，石油の成分のCでも，われわれの体の成分のCでも ^{12}C と ^{13}C からなり，その存在比は ^{12}C は98.93％，^{13}C は1.07％である。

例 題　原子の構造と同位体

次の**ア**～**エ**のうち，同位体に関して正しいものはどれか。

ア　同じ元素の原子でも，陽子の数が互いに異なる原子がある。

イ　質量数が14，15で，中性子の数がそれぞれ7個，8個の原子は互いに同位体である。

ウ　同じ元素の原子では，原子の質量は互いに同じである。

エ　物質が化学変化すると，同位体の存在比が反応前後で少し変化する。

解説 **ア**；元素は，原子番号によって決まるから，陽子の数が同じ原子は同じ元素であり，異なる原子は異なる元素である。

質量数＝陽子の数＋中性子の数。

イ；陽子の数は14－7＝7，15－8＝7，どちらも7で，原子番号が互いに等しい原子であり，質量数が異なることから互いに同位体である。

ウ；同位体は，同じ元素の原子で，質量が互いに異なる。 ← 質量数が異なる。

エ；化学変化しても，同位体の存在比は変化しない。

答 **イ**

最重要 10 電子殻の名称と各電子殻の最大電子数を確認。

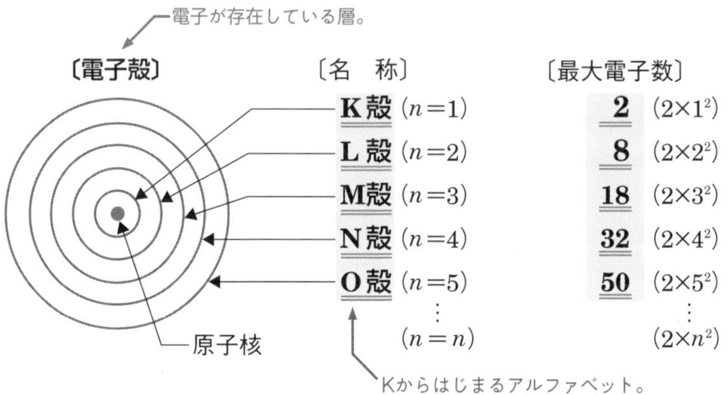

最重要 11 原子番号 1 ～20 の原子は，その元素・原子番号に加え，電子配置も確実におさえる。

共通テストで電子配置と関係のある問題は，すべて原子番号 1 ～20。

1 電子配置は，原則として内側の電子殻から順に配置される。

解説 ▶原子番号 1 ～18 の原子は，内側の電子殻から順に配置されている。

▶ $_{19}K$，$_{20}Ca$ では，M殻に 9 個，10 個の電子が入るよりも，M殻に 8 個の電子が入り，外側のN殻に 1 個，2 個の電子が入ったほうがエネルギー的に安定になる。

〔原子番号1～20の原子の電子配置〕

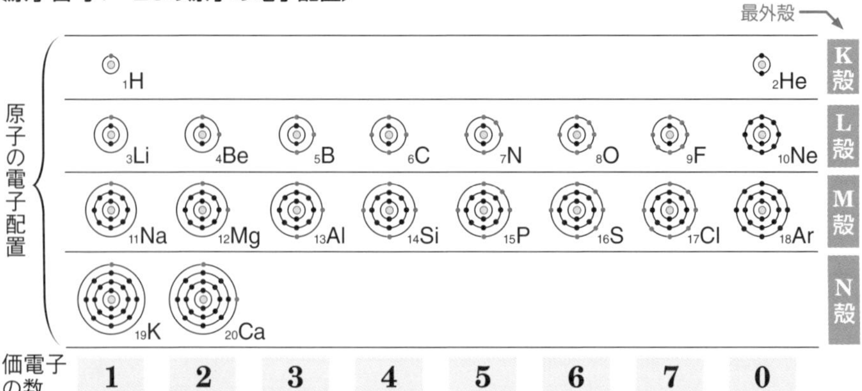

2 価電子の数およびその周期性に着目。 ← 前ページの表。

解説 ▶価電子は，原子がイオンになったり，原子どうしが結合したりするときに重要なはたらきをする。

▶価電子は，最外殻に配置されている電子である(貴ガスは例外 ⇨ **3**)。

3 貴ガス(希ガス)は安定な電子配置で，最外殻電子は，Heが2個，他は8個 ⇨ 価電子の数は0。

（Heが2個 ← K殻に最大数。／他は8個 ← 最外殻に8個は安定。／価電子の数は0 ← 他の原子と結びつく電子がないことを示す。）

解説 貴ガスとはHe，Ne，Arなどで，空気中に微量に存在し，他の物質と結合しにくく，単原子分子である。

（単原子分子 ← 1つの原子からなる分子。）

補足 Heは，物質中で沸点・融点が最も低い(沸点；−269℃，融点；−272℃)。

例題　原子番号と価電子の数

次の文の〔　〕内に数値を記せ。

(1) 原子番号が8の原子の価電子の数は〔 (a) 〕である。

(2) 原子番号が10の原子の最外殻電子の数は〔 (b) 〕であり，価電子の数は〔 (c) 〕である。

(3) M殻に価電子が3個配置されている原子の原子番号は〔 (d) 〕である。

解説 (1) K殻の最大電子数が2個であるから，最外殻電子の数は，$8-2=6$
よって，価電子の数は6個。

(2) (1)と同様に考えて，最外殻電子の数は，$10-2=8$
よって，貴ガスであり，価電子の数は0（最重要11−**3**）。

(3) K殻には2個，L殻には8個収容されているので，原子番号は，$2+8+3=13$
（2個，8個 ← 最大電子数）

答 (a) **6**　(b) **8**　(c) **0**　(d) **13**

最重要 12

イオンの電子の数と同じ電子配置をもつ原子がわかるようにすること。

貴ガス原子

1 陽イオン(M^{n+})の電子の数＝原子番号－価数(n)
陰イオン(M^{n-})の電子の数＝原子番号＋価数(n)

解説 ▶Mg^{2+}は，Mg原子が2個の電子を放出してできたものであり，Mgの原子番号は12であるから，電子の数は，12－2＝10

Mg原子の電子の数

▶F^-は，F原子が1個の電子を受け取ってできたものであり，Fの原子番号は9であるから，電子の数は，9＋1＝10

F原子の電子の数

補足 1個の原子からなるイオンを**単原子イオン**，2個以上の原子からなる原子団のイオンを**多原子イオン**という。

2 典型元素の安定なイオン ⇨ 貴ガス原子 と同じ電子配置。

He，Ne，Arのいずれか。

解説 Mgは価電子2個を放出し，F原子は電子1個を受け取って，Neと同じ電子配置であるイオンMg^{2+}，F^-となる。

貴ガス

例題 イオンの電子の数と電子配置

次の(1)〜(4)のイオン1個がもつ電子の数はどれだけか。また，それぞれのイオンと同じ電子配置の原子を示せ。

(1) Li^+ (2) O^{2-} (3) Al^{3+} (4) Cl^-

解説 最重要12－1より，電子の数は次のとおりである。

(1) 3－1＝2 (2) 8＋2＝10 (3) 13－3＝10 (4) 17＋1＝18

これらのイオンと同じ電子配置の原子は，これらの電子の数が原子番号に等しい原子である。原子番号が，2はHe，10はNe，18はAr。

入試での出題はこの3種類。

答 (1) **2**，He
(2) **10**，Ne
(3) **10**，Ne
(4) **18**，Ar

入試問題例　原子の構造と電子配置

神戸薬大

次の文中の①～⑩に適切な数字または語句を記入せよ。

原子は，中心にある1個の原子核と，その周りを取り巻く電子で構成され，原子核は正の電荷をもつ〔　①　〕と電荷をもたない〔　②　〕とからできている。負の電荷をもつ電子と正の電荷をもつ〔　①　〕の数は等しいので，原子は全体として電気的に中性である。原子核に含まれる〔　①　〕の数はそれぞれの元素に固有のもので，この数は〔　③　〕とよばれる。また，原子核中の〔　①　〕の数と〔　②　〕の数の和を〔　④　〕という。原子には〔　③　〕は同じで，〔　④　〕の異なる原子があり，これらを互いに〔　⑤　〕という。

原子中の電子は，〔　⑥　〕とよばれるいくつかの軌道に分かれて存在する。〔　⑥　〕は，原子核に近い内側から順に，K殻，L殻，M殻，…とよばれ，それぞれに入ることができる最大の電子数は，〔　⑦　〕，〔　⑧　〕，18，…である。最も外側の〔　⑥　〕に入っている電子(最外殻電子)のうち，原子がイオンになったり，原子どうしで結合するときに重要なはたらきをする1～7個の電子を〔　⑨　〕という。たとえば，ホウ素原子Bの〔　⑨　〕数は3であり，酸素原子Oの〔　⑨　〕数は〔　⑩　〕となる。

解説　③ 最重要8－**1**より，陽子の数＝電子の数＝原子番号である。

④，⑤ 最重要8－**2**より，陽子の数＋中性子の数＝質量数である。さらに，最重要9－**1**より，同位体は互いに原子番号が同じであり，質量数が異なる。

⑥～⑧ 最重要10　参照

⑨，⑩ 最重要11－**2**より，価電子は，最外殻に配置されている電子をさす(貴ガスは除く)。酸素原子の価電子数は，6。

答　① **陽子**　② **中性子**　③ **原子番号**　④ **質量数**　⑤ **同位体**

⑥ **電子殻**　⑦ **2**　⑧ **8**　⑨ **価電子**　⑩ **6**

3 元素の周期表と電子配置

元素の周期表について次の 3 点をおさえる。

← 価電子との関係に着目。

1 元素の**周期表**は，**周期律**に基づいた表 ⇨ **価電子の数** が基準。

解説 **元素の周期律**；元素を**原子番号順に並べる**と，性質のよく似た元素が周期的に現れる規則性。⇨ 価電子の数の周期的変化による。

補足 メンデレーエフは**原子量の順**に元素を並べて周期律を発見し，1869年に元素の周期表を発表した。

2 **族；縦の列の元素** ⇨ **1 族〜18 族**

⇨ 同族元素は，**価電子の数が同じ。**

← 遷移元素（最重要 15）では異なることがある。

補足 同族元素は，性質が互いによく似ている。

3 **周期；横の行の元素** ⇨ **第 1 〜第 7 周期**

⇨ **価電子数が増加**（18 族は 0）。

解説 ▶典型元素（最重要 15）は，同周期では原子番号が増すほど，最外殻電子の数が増加する。⇨ 価電子の数は 17 族まで増加する。

▶遷移元素は，原子番号が増しても，最外殻電子の数がほぼ一定。 ← 1〜2 個

周期律では，次の３つの性質の周期性がポイント。

1 イオン化エネルギー

イオン化エネルギー；原子から１個の電子を取り去って**１価の陽イオンにするのに要するエネルギー**。
← 第一イオン化エネルギーともいう。

⇨ **イオン化エネルギーが小さい原子**ほど**陽イオンになりやすい**。

⇨ **周期表の左側，下側の元素**ほど**小さい**。

解説 １族元素はイオン化エネルギーが小さい(陽イオンになりやすい)。

2 電子親和力

電子親和力；原子が電子を１個受け取って**１価の陰イオンになるとき放出されるエネルギー**。

⇨ **電子親和力が大きい原子**ほど**陰イオンになりやすい**。

⇨ **周期表の右側の元素**ほど**大きい**(18族を除く)。

解説 17族元素は，電子親和力が大きく，陰イオンになりやすい。

3 原子の半径

原子の半径；おもに典型元素の場合 ← 遷移元素の出題はほとんどない。

- **同　族** ⇨ **原子番号が大きい元素**ほど**大きい**。
- **同周期** ⇨ **原子番号が大きい元素**ほど**小さい**(18族を除く)。

解説 ▶同族の原子では価電子の数が同じであり，原子番号が大きいほど，価電子が外側の電子殻に配置される。
外側の電子殻ほど半径が大きい。

▶同周期の原子は，原子番号が大きいほど陽子の数が増える。すなわち原子核の正の電荷が大きくなるため，そのぶん電子が原子核に強く引きつけられる。

補足 **イオンの半径**　次のように電子配置が同じイオンでは，陽子の数(原子番号)が大きいものほど半径が小さい。 ${}_{8}O^{2-} > {}_{9}F^{-} > {}_{11}Na^{+} > {}_{12}Mg^{2+} > {}_{13}Al^{3+}$
← 原子核の引力が強い。

典型元素と遷移元素について次の2点を確実におさえること。

1 族
- 典型元素 ⇨ **1・2族, 13〜18族** ← 第1〜第7周期。
- 遷移元素 ⇨ **3〜12族** ← 第4〜第7周期。

2 同周期の原子番号と電子配置・価電子の数(下の表は第4周期)

典型元素 ⇨ 原子番号が増すと, **価電子の数が増加**(18族は除く)。
⇨ **価電子の数;族番号の下1桁の数字に等しい**(18族は0)。

遷移元素 ⇨ 原子番号が増すと, **内側の電子殻の電子数が増加**。
⇨ **価電子の数;1〜2個**。 ← ほぼ一定。

		典型元素		遷移元素										典型元素					
	族	1	2	3	4	5	6	7	8	9	10	11	12	13	14	15	16	17	18
第4周期	元素	K	Ca	Sc	Ti	V	Cr	Mn	Fe	Co	Ni	Cu	Zn	Ga	Ge	As	Se	Br	Kr
	原子番号	19	20	21	22	23	24	25	26	27	28	29	30	31	32	33	34	35	36
電子配置	K	2	2	2	2	2	2	2	2	2	2	2	2	2	2	2	2	2	2
	L	8	8	8	8	8	8	8	8	8	8	8	8	8	8	8	8	8	8
	M	8	8	9	10	11	13	13	14	15	16	18	18	18	18	18	18	18	18
	N	1	2	2	2	2	1	2	2	2	2	1	2	3	4	5	6	7	8
価電子数		1	2	1〜2										3	4	5	6	7	0

内側の電子殻の電子数が増加。

族番号の下1桁の数字と同じ。

18族は0。

最重要 16

周期表上での位置と元素の性質の関係に着目。

1 表の**左側**，**下側**の元素ほど，**陽性**（金属性）が強い。

解説 表の左側，下側の元素ほどイオン化エネルギーが小さく，その原子は陽イオンになりやすい。

2 表の**右側**（18族を除く），**上側**の元素ほど，**陰性**（非金属性）が強い。

解説 表の右側（18族を除く），上側の元素ほどその原子は陰イオンになりやすい。

3 金属元素と非金属元素の位置

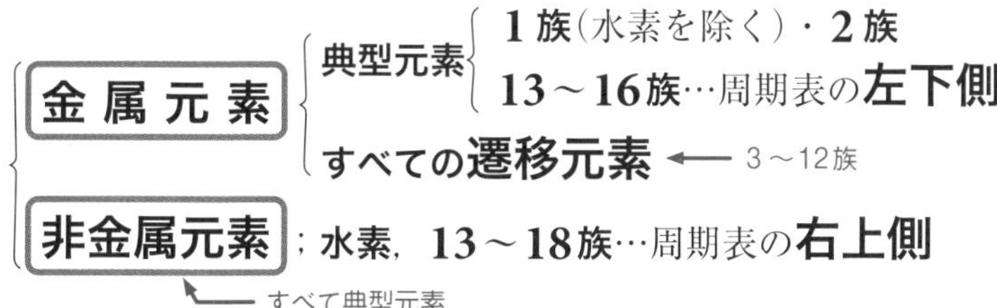

金属元素
典型元素
1族（水素を除く）・2族
13～16族…周期表の左下側
すべての遷移元素 ← 3～12族
非金属元素；水素，13～18族…周期表の右上側
すべて典型元素

補足 水素や貴ガスは非金属元素であるが，水素は陽イオンになりやすく，貴ガスはイオンになりにくい。
イオン化エネルギーが大きい。

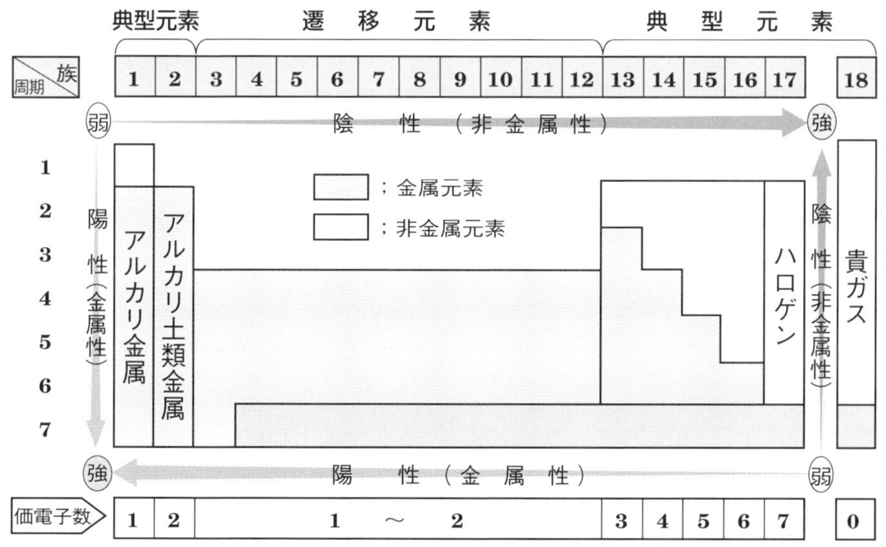

例題　原子の種類の特定

価電子がM殻に2個ある原子について，次の(1)~(3)の問いに答えよ。

(1) この原子の原子番号はいくらか。

(2) この原子は，典型元素・遷移元素のどちらか。

(3) この原子は，金属元素・非金属元素のどちらか。

解説 (1) 価電子がM殻にあるのは第3周期の元素であり，原子番号は，2+8+2=12

(2) 最重要15－1より，遷移元素は第4～7周期で，第3周期はすべて典型元素。

(3) この原子は，2族元素の原子である。最重要16－3より，2族元素は金属元素。

答 (1) **12**

(2) **典型元素**

(3) **金属元素**

入試問題例　周期表と元素の性質　名古屋市大改

右図は元素の周期表の一部を表したものである。横に族，縦に周期を示す番号を表示している。

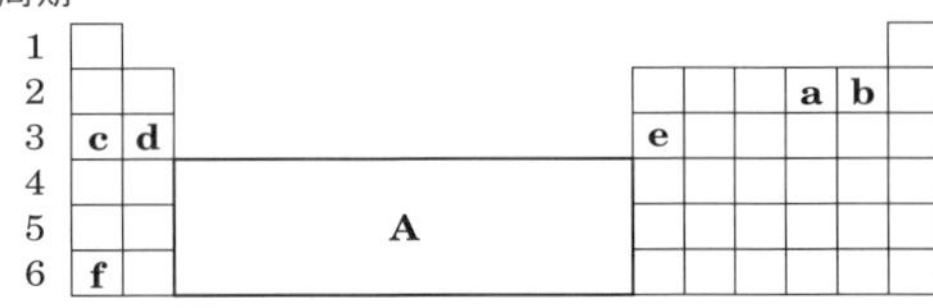

(1) 周期表に関して正しいものを1つ選べ。

ア　周期表とは元素を原子番号順に並べたもので，性質の似た元素が縦の列に並ぶように配列されている。

イ　同じ周期の元素の価電子数はすべて同じである。

ウ　周期表の左側，下側の元素ほどイオン化エネルギーの値が大きい。

エ　周期表の右側，上側の元素ほど電子親和力の値が大きい。

(2) **A**の領域に属する元素，属さない元素をそれぞれ何と呼ぶか，答えよ。

(3) 次の文章中の①，④~⑦にあてはまる語句または数字，②，③に入る元素記号を記せ。

周期表の規則性から，5つの元素**a**～**e**はそれぞれの元素がイオンになると同じ［ ① ］をとると考えられる。この5つの元素の中で，イオン化エネルギーの最も大きい元素は［ ② ］であり，イオン半径(イオンの大きさ)の最も小さい元素は［ ③ ］である。

元素**f**はセシウムCsである。周期表の規則性から，セシウム原子の価電子は［ ④ ］個，陽子は［ ⑤ ］個と推測できる。セシウム原子は自然界には質量数133のものしか安定に存在しないが，放射能をもつ質量数137の放射性［ ⑥ ］が核分裂により生成する。質量数137のセシウム原子の中性子は［ ⑦ ］個と推測できる。

解説 (1) **ア**；最重要 13－**1** より，元素を原子番号順に並べると，性質の似た元素が周期的に現れる。周期表は，これらの元素が縦の列に並ぶように配列されたものである。

イ；最重要 13－**3** より，同周期では原子番号が大きくなるほど，価電子数が増加する(遷移元素，18族は除く)。

ウ；周期表の左側，下側の元素ほど，イオン化エネルギーの値が小さい(最重要 14－**1**)。

エ；最重要 14－**2** より，周期表の右側の元素(18族を除く)ほど，電子親和力の値が大きい。上側の元素ほど大きいとは限らない。

(2) 最重要 15－**1** より，3～12族は遷移元素，それ以外は典型元素である。

(3) ② 周期表の右側，上側の元素ほど，イオン化エネルギーの値が大きい。

③ 最重要 14－**3** より，電子配置が同じイオンでは，陽子の数すなわち原子番号が大きいものほど，イオンの半径が小さい。

④，⑤ 最重要 15－**2** より，典型元素の価電子の数は，族番号の下1桁の数字に等しい。Csは1族元素。また原子番号は，$2+8+8+18+18+1=55$

⑦ 最重要 8－**2** より，陽子の数＋中性子の数＝質量数だから，中性子の個数は，$137-55=82$

答 (1) **ア**

(2) 属する元素；**遷移元素**　属さない元素；**典型元素**

(3) ① **電子配置**　② **F**　③ **Al**　④ **1**　⑤ **55**　⑥ **同位体**　⑦ **82**

4 化学結合

最重要 17 原子間の結合は，次の3種類であり，成分元素から結合の種類がわかることが必要。

1 イオン結合 ⇨ 金属元素と非金属元素の原子間。

解説 イオン結合は**陽イオン・陰イオンの静電気的引力による結合**である。金属元素の原子は陽イオン，非金属元素の原子は陰イオンとなってイオン結合が起こる。
〔例外〕NH_4Cl；いずれも非金属元素であるがNH_4^+とCl^-間はイオン結合。
← N−H間は共有結合。

2 共有結合 ⇨ 非金属元素の原子間。

解説 非金属元素の原子の**価電子のいくつかを互いに共有しあった結合**。
← 貴ガスと同じ電子配置をつくる。

3 金属結合 ⇨ 金属元素の原子間。

解説 金属元素の原子の価電子は，特定の原子に固定されることなく，自由に動きまわる**自由電子**として多くの原子(陽イオン)に共有され，原子を結合する。

例題 化学式と結合の種類

次の物質(1)〜(5)の原子間の結合は，あとの**ア**〜**ウ**のどれか。

(1) H_2　(2) CO_2　(3) NaCl　(4) Fe　(5) CaO

ア イオン結合　**イ** 共有結合　**ウ** 金属結合

解説 (1) Hは非金属元素。よって共有結合。
(2) C，Oは非金属元素。よって共有結合。
(3) Naは金属元素，Clは非金属元素。よってイオン結合。
(4) Feは金属元素。よって金属結合。
(5) Caは金属元素，Oは非金属元素。よってイオン結合。

答 (1) **イ**　(2) **イ**　(3) **ア**　(4) **ウ**　(5) **ア**

電子式，構造式は，次の 2 つがポイント。

1 電子式；分子中の元素記号のまわりに記す **電子の数**

Hは例外。

⇨ **Hは 2 個，他の元素は 8 個**。

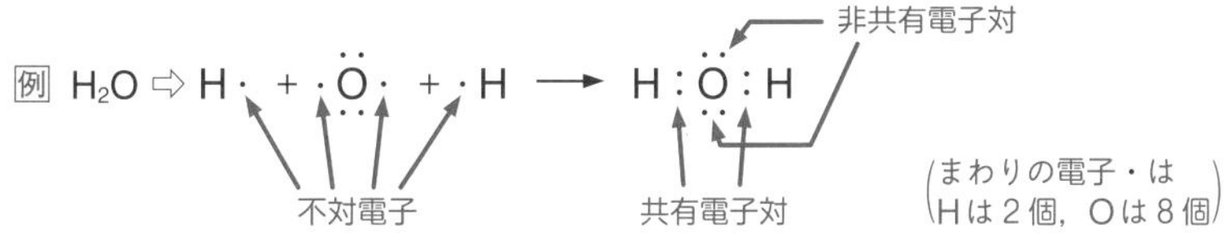

2

構造式；共有電子対を**線(—)**で表す。

価標ということがある。

原子価；各原子の線の本数 ⇨ **H；1，O；2，C；4**

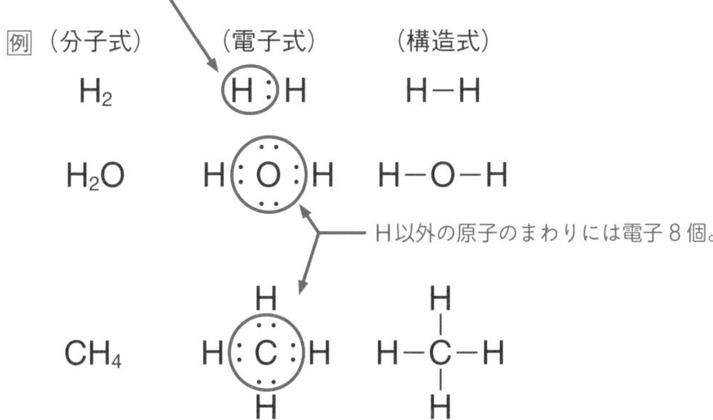

補足 2 対の共有電子対による結合を**二重結合**，3 対の共有電子対による結合を**三重結合**という。

	(分子式)	(電子式)	(構造式)
二重結合；	CO_2	:Ö::C::Ö:	O=C=O
三重結合；	N_2	:N⋮⋮N:	N≡N

例題　電子式と構造式

(1) 次の①〜③にあてはまるものをあとの**ア**〜**オ**の物質からそれぞれ選べ。

① 非共有電子対のないもの

② 非共有電子対を1対もつもの

③ 共有電子対を2対もつもの

ア　Cl_2　　**イ**　H_2O　　**ウ**　NH_3　　**エ**　CH_4　　**オ**　CO_2

(2) 次の①，②の構造式をすべて書け。

① 炭素原子2個と水素原子からなる化合物（水素原子はいくつでもよい）

② C_2H_6O

解説 (1) 電子式は次のとおりである。

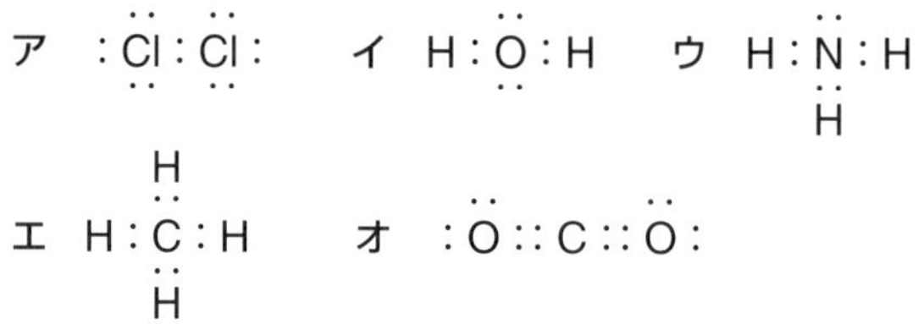

```
   ‥  ‥          ‥               ‥
ア :Cl:Cl:    イ H:O:H     ウ H:N:H
   ‥  ‥          ‥               ‥
                                  H

      H
      ‥          ‥       ‥
エ  H:C:H    オ  :O::C::O:
      ‥
      H
```

［非共有電子対の数］

ア：6　　**イ**：2　　**ウ**：1　　**エ**：0　　**オ**：4

［共有電子対の数］

ア：1　　**イ**：2　　**ウ**：3　　**エ**：4　　**オ**：4

(2) 原子価は，Hが1，Oが2，Cが4であり，これらが互いに結合しあう。

←線の本数。

答 (1) ① **エ**　② **ウ**　③ **イ**

(2) ①

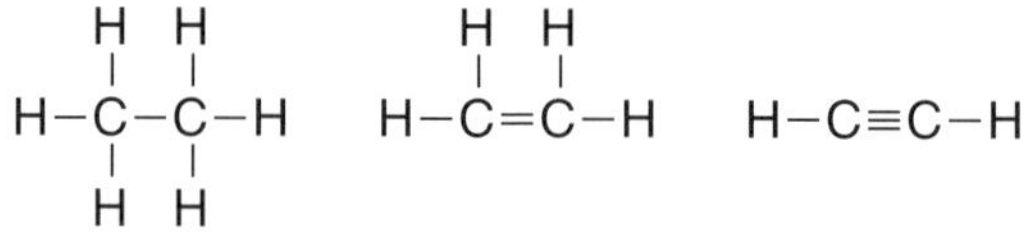

```
  H  H
  |  |              H  H
H-C--C-H            |  |
  |  |            H-C==C-H          H-C≡C-H
  H  H
```

②

```
  H  H               H     H
  |  |               |     |
H-C--C-O-H         H-C--O--C-H
  |  |               |     |
  H  H               H     H
```

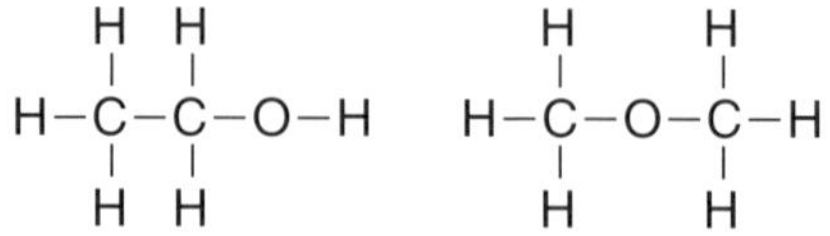

配位結合は，その意味とNH_4^+，H_3O^+および錯イオンをおさえておく。

1 配位結合；非共有電子対を共有した共有結合 ⇨ 次の例が重要。

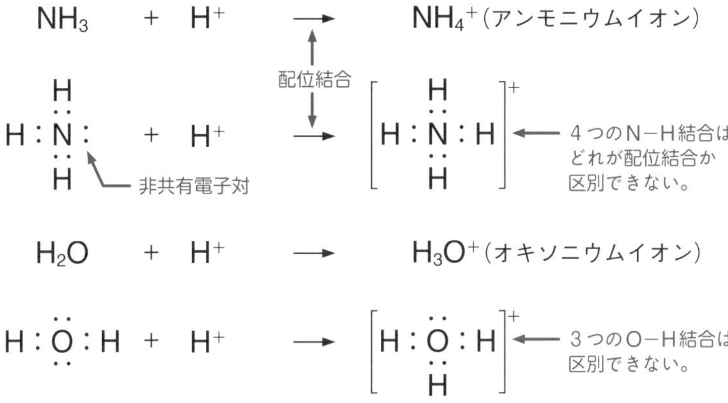

H_2O + H^+ → H_3O^+(オキソニウムイオン)

H : O : H + H^+ → [H : O : H / H]$^+$ ← 3つのO−H結合は区別できない。

2 錯イオン；金属イオンと分子やイオンの配位結合によって生成。

例 $Ag^+ + 2NH_3 \longrightarrow [Ag(NH_3)_2]^+$ ジアンミン銀(Ⅰ)イオン

$Fe^{2+} + 6CN^- \longrightarrow [Fe(CN)_6]^{4-}$ ヘキサシアニド鉄(Ⅱ)酸イオン

陰イオンの場合は「酸」をつける。

元素の**電気陰性度の大小**，分子の**極性の有無**がわかるようにすること。

1 **電気陰性度** {**共有電子対を引き寄せる力の強さ**
⇨ **大きいほど陰性が強い。** ← 陰イオンになりやすい。
周期表の右側(18族を除く)・**上側の元素ほど大きい。**

解説 フッ素が最大。HFでは電子対がF原子側にかたよる ⇨ H−F結合には極性がある。

2 **単体 ⇨ 無極性分子**，**二原子分子の化合物 ⇨ 極性分子**

解説 ▶電気的に，かたよりのある分子が極性分子，かたよりのない分子が無極性分子。
▶HFの分子では，電気陰性度の大きいF原子側が少し負の電荷をもつ。← H原子側が正の電荷。

3 **三原子以上の分子**では，**形**から**識別**する。

解説 CH_4；**正四面体形**，CO_2；**直線形** ⇨ **無極性分子**
NH_3；**三角錐形**，H_2O；**折れ線形** ⇨ **極性分子**
← これだけ覚えておけばよい。

補足 CCl_4，SiH_4などはCH_4と同じ正四面体形で無極性分子，H_2SはH_2Oと同じ折れ線形で極性分子である。（CとSi，OとSは互いに同族元素。）

例題 **極性分子と無極性分子**

次の(1)~(4)は，極性分子，無極性分子のどちらか。

(1) N_2　(2) HBr　(3) H_2S　(4) CCl_4

解説 最重要20−**2**，**3**の確認問題。

(1) N_2；単体であり，無極性分子。
(2) HBr；二原子分子の化合物であり，極性分子。
(3) H_2S；H_2Oと同じ折れ線形で極性分子。
(4) CCl_4；CH_4と同じ正四面体形で無極性分子。

答 (1) **無極性分子**　(2) **極性分子**　(3) **極性分子**　(4) **無極性分子**

沸点の比較では**分子間力の大小**，**水素結合**の有無が重要。

1 構造が類似の分子の 分子間力 (ファンデルワールスカ)は，**分子量が大きいものほど大**。⇨ **沸点が高い**。

解説 次のような分子では，分子量が大きいほど沸点が高い。(　)は沸点。
ハロゲン；F_2 (−188℃) < Cl_2 (−34℃) < Br_2 (59℃) < I_2 (184℃)
アルカン；CH_4 (−161℃) < C_2H_6 (−89℃) < C_3H_8 (−42℃) < C_4H_{10} (−1℃)

2 水素結合 を形成する分子

⇨ HF，H_2O，NH_3；電気陰性度の大きい元素の水素化合物
（← 無機物質ではこの３つ。）

⇨ **分子量のわりに，沸点が異常に高い**。

解説 ハロゲン化水素の沸点
HF (20℃) ≫ HCl (−85℃) < HBr (−67℃) < HI (−35℃)
（← 分子間で水素結合している。）

補足 ▶水素結合を形成する有機化合物；アルコール，カルボン酸など。
▶**分子間力・ファンデルワールスカ・水素結合**　**分子間力**は，すべての分子間に働く弱い引力であり，とくに無極性分子間に働く分子間力が**ファンデルワールスカ**に相当する。**水素結合**は，電気陰性度の大きい元素の水素化合物(HF，H_2S，NH_3など)の分子間に形成される結合である。

例題　沸点の比較

次の**ア**～**オ**は，沸点の高低を示している。誤っているのはどれか。

ア $F_2 < Cl_2 < Br_2$　　**イ** $HF < HCl < HBr$　　**ウ** $He < Ne < Ar$
エ $CH_4 < SiH_4 < GeH_4$　　**オ** $H_2O < H_2S < H_2Se$

解説 **ア**と**ウ**はいずれも単体，**エ**はいずれも正四面体形の分子で無極性分子であり(**最重要20－2**，**3**)，分子量が大きいほど分子間力が大きく，沸点が高くなる(**発展1－1**)。
イのHF，**オ**のH_2Oは水素結合を形成するから，沸点が異常に高い(**発展1－2**)。
$HF \gg HCl < HBr$，$H_2O \gg H_2S < H_2Se$

答 **イ**，**オ**

最重要 21

結合・引力の強弱関係をおさえること。

〔結合の強さ〕

共有結合＞イオン結合≫水素結合＞ファンデルワールス力

解説 ▶共有結合は非常に強く，これによってできた結晶は非常に硬い。
▶結合の強さと融点とは密接な関係があり，結合の強い結晶ほど融点が高い。

入試問題例 化学結合

東京女子大 改

物質を構成している原子，分子，イオンなどの間には，種々の引力がはたらいている。原子間，イオン間には，電子が関わって引力がはたらき，化学結合がつくられる。その形式には，**A**；共有結合，**B**；イオン結合，**C**；金属結合，および分子やイオンがその非共有電子対を空の電子殻をもつ原子やイオンに与えて生じる〔　**D**　〕がある。

電気陰性度の大きい原子が水素原子を間にはさみ，互いに引きあう引力により水素結合が生じるが，この引力は化学結合の結合力に比べて弱い。**E**；分子間力（ファンデルワールス力）はさらに弱い引力であるが，多くの分子や原子はこの引力によって凝集する。

(1) 文中の**D**に適当な語句を入れよ。

(2) 次の①～⑥の物質について，その物質に存在する結合形式または引力として該当するものを**A**～**E**からすべて選び示せ。

① 水　② 銅　③ ダイヤモンド　④ アルゴン　⑤ ベンゼン　⑥ アンモニア

解説 最重要 17，19 をおさえていれば，解答できる。

(1) **D**；非共有電子対を共有する結合なので，配位結合である（最重要 19－**1**）。

(2) ① H_2O の H と O 原子間は共有結合，分子間は水素結合。

② 銅は金属結合のみ。

③ ダイヤモンドは多数の炭素原子からなる共有結合の結晶（⇨ p.8）。

④ アルゴンは単原子分子で，分子間力（ファンデルワールス力）がはたらく。

⑤ C_6H_6 の C と H 原子は共有結合。

⑥ NH_3 の N と H の原子間は共有結合，分子間は水素結合。

なお，④以外に①，⑤，⑥も分子なので，分子間力（ファンデルワールス力）がはたらく。

答 (1) **配位結合**

(2) ① **A，E**　② **C**　③ **A**　④ **E**　⑤ **A，E**　⑥ **A，E**

5 結晶の種類

最重要 22

結晶の種類は，次の**4種類**である。その**成分元素**，**化学結合**，**特性**をおさえておく。

種　類	成分元素	化学結合など	特　性
イオン結晶	金属元素 非金属元素	イオン結合	固体では電気伝導性がないが，加熱融解後はある
分子結晶	非金属元素	分子間力，水素結合，共有結合	融点が低い
共有結合の結晶	C, Si, SiO_2	共有結合	融点が非常に高い
金属結晶	金属元素	金属結合	金属光沢，展性・延性，電気伝導性

解説
- ▶イオン結晶は，加熱融解したり，水溶液にするなど，イオンが移動できるようにすると電気を導くようになる。
- ▶NH_4Clは例外で，非金属元素のみからなるイオン結晶である。 ←よく出題される。
- ▶分子を構成する原子間の結合は共有結合である。←忘れやすいので注意。 分子間に水素結合を形成するのはH_2O，HF，NH_3，およびアルコールやカルボン酸の結晶。
- ▶金属結晶の3つの特性は，いずれも自由電子による性質である。

共有結合の結晶では，次の 2 点が重要。

1 共有結合の結晶 ⇨ C，Si，SiO_2

この 3 種類しか出題されない。　いずれも融点が非常に高い。

解説 Cはダイヤモンドと黒鉛，SiO_2は石英，水晶，ケイ砂などである。

2

結晶	ダイヤモンド	黒鉛(グラファイト)
結合 構造	4 個の価電子が共有結合 正四面体構造(⇨ p.8)	3 個の価電子が共有結合 平面構造(平面間は分子間力)
状態 硬さ 電気伝導性	無色・透明 非常に硬い(物質中最も硬い) 電気を通さない	黒色・不透明 やわらかい 電気を通す

共有結合の結晶の例外的性質。

入試問題例　結晶とその性質　大阪府大

下の表は，固体(結晶)**A**，**B**，**C**，**D**の性質を示したものである。この表から**A**～**D**に該当するものを次の**ア**～**キ**より選べ。

ア 塩化ナトリウム　**イ** ナトリウム　**ウ** 鉄　**エ** ダイヤモンド
オ ナフタレン　**カ** 黒鉛　**キ** スクロース

性質＼固体	A	B	C	D
融点	低い	高い	高い	低い
水に対する性質	溶けない	溶けない	溶ける	気体を発生して溶ける
電気に対する性質	導きにくい	導きにくい	加熱融解すると導く	よく導く
硬さ	やわらかい	硬い	硬い	やわらかい

解説 最重要22の結晶の種類と特性に着目して識別していく。

Aは「融点」が低く，電気を導かないことから，分子結晶であるナフタレンかスクロースであるが，水に溶けないことからナフタレンである。

Bは「融点」が高い，電気を導きにくい，硬いことからダイヤモンドである。

Cは「加熱融解すると導く」からイオン結晶であり，塩化ナトリウムである。

Dは「電気に対する性質」において，「よく導く」なので金属であり，ナトリウムか鉄である。融点が低く，やわらかいことからナトリウムである。

水と反応して水素を発生。

答 **A**；**オ**　**B**；**エ**　**C**；**ア**　**D**；**イ**

発展 2 金属結晶の構造では，次の 2 点を理解しておく。

1 金属の結晶 ⇨ **体心立方格子** **面心立方格子** **六方最密構造**

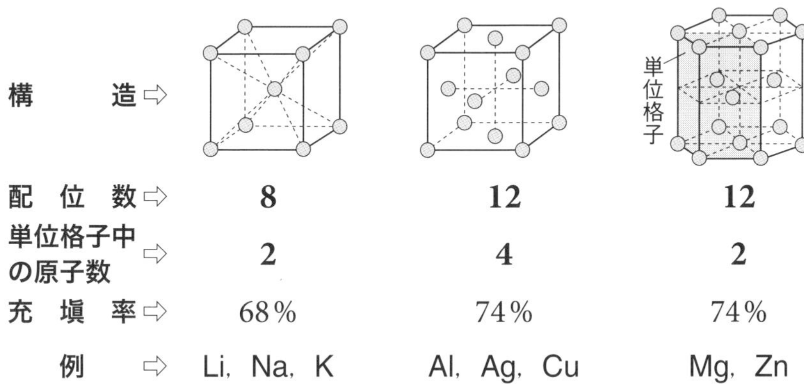

	体心立方格子	面心立方格子	六方最密構造
構造 ⇨			
配位数 ⇨	**8**	**12**	**12**
単位格子中の原子数 ⇨	**2**	**4**	**2**
充填率 ⇨	68%	74%	74%
例 ⇨	Li，Na，K	Al，Ag，Cu	Mg，Zn

解説 ▶**配位数**；1 つの原子に接している原子の数。

▶**充填率**；単位格子の体積に占める原子の体積の割合。

▶**単位格子中の原子数の求め方**；単位格子の立方体の 8 個の頂点は 8 つの単位格子に属しているから，頂点の単位格子中の原子数は，$\frac{1}{8}\times 8 = 1$ 個

⇨ **体心立方格子**；さらに中心に 1 個の原子があるから，$1+1=$ **2** 個
　 面心立方格子；さらに面の原子は 2 つの単位格子に属し，面は 6 個あるから，

$\frac{1}{2}\times 6 = 3$ 　よって，$1+3=$ **4** 個

2 **単位格子の一辺が l〔cm〕，**
金属原子球の半径が r〔cm〕のとき，

体心立方格子 ⇨ $4r=\sqrt{3}l$
面心立方格子 ⇨ $4r=\sqrt{2}l$

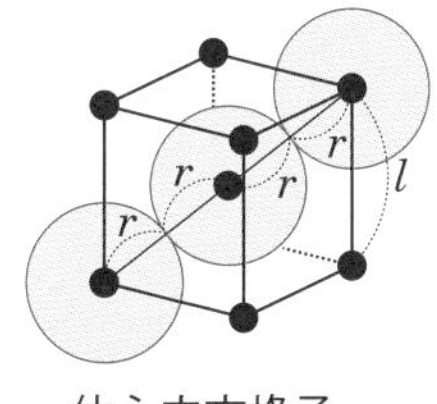

体心立方格子

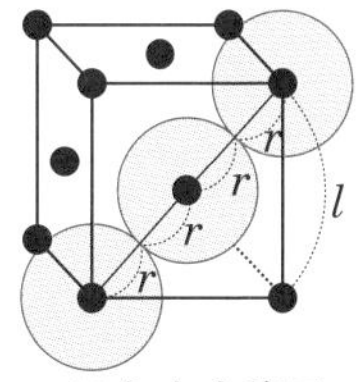

面心立方格子

解説 体心立方格子は，単位格子の立方体の対角線が $4r$〔cm〕，
（立方体の対角線 ← $\sqrt{3}l$）

面心立方格子は，単位格子の面の対角線が $4r$〔cm〕である。
（面の対角線 ← $\sqrt{2}l$）

入試問題例　金属結晶の構造

工学院大

鉄はふつう体心立方格子のα鉄の結晶(単位格子の一辺の長さ0.29nm)であるが，911℃以上に加熱した後に急冷すると面心立方格子のγ鉄の結晶(単位格子の一辺の長さ0.36nm)に変化する。次の問いに答えよ。$\sqrt{2}=1.4$，$\sqrt{3}=1.7$

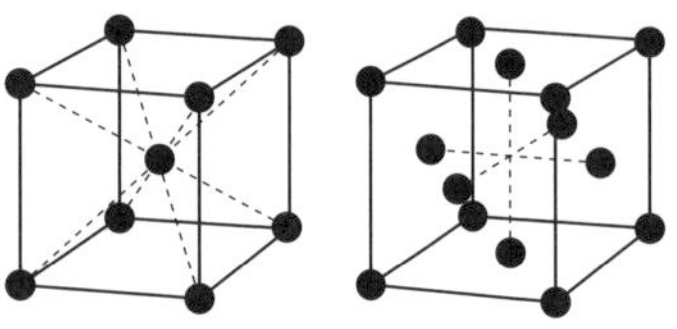
体心立方格子　　面心立方格子

(1) 右図は，体心立方格子および面心立方格子の単位格子である。それぞれの単位格子内に含まれる原子の数は何個か。

(2) 図中の結晶格子で，ある1個の原子に最も隣接する原子の数はそれぞれ何個か。

(3) α鉄とγ鉄とで，最も隣接する鉄原子間の距離を比較するとどちらが短いか。

(4) α鉄とγ鉄の密度を比較するとどちらが大きいか。

解説　(1) **発展2－1**の単位格子中の原子数の計算で求められる。

(2) **発展2－1**の配位数を答えればよい。体心立方格子は，中心の原子に頂点の8個が接している。面心立方格子は，1つの面の中心原子に4個接し，その面がx軸・y軸・z軸それぞれに平行な場合の3通りずつあるから，$4\times3=12$個

(3) α鉄とγ鉄の原子間距離をs，s'とすると，**発展2－2**より，

α鉄；$2s=\sqrt{3}\times0.29$　　$\therefore\ s=\dfrac{\sqrt{3}\times0.29}{2}\fallingdotseq0.247\,\text{nm}$

γ鉄；$2s'=\sqrt{2}\times0.36$　　$\therefore\ s'=\dfrac{\sqrt{2}\times0.36}{2}=0.252\,\text{nm}$

(4) 鉄原子1個の質量をw〔g〕とすると，密度は，

α鉄；$\dfrac{2w}{0.29^3}\fallingdotseq82w$〔g/nm^3〕　　γ鉄；$\dfrac{4w}{0.36^3}\fallingdotseq86w$〔g/nm^3〕

答　(1) 体心立方格子；**2個**　面心立方格子；**4個**

(2) 体心立方格子；**8個**　面心立方格子；**12個**

(3) **α鉄**

(4) **γ鉄**

発展 3 イオン結晶の構造では，次の 2 点をおさえる。

1 イオン結晶 ⇨	NaCl	CsCl	ZnS
構　　造 ⇨	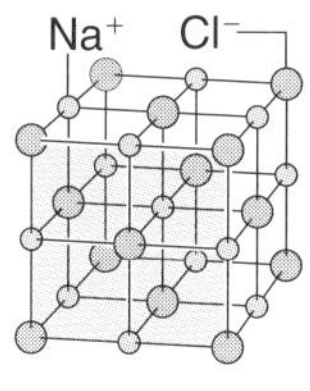		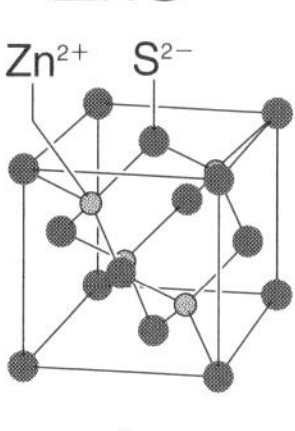
配 位 数 ⇨	**6**	**8**	**4**
単位格子中のイオン数 ⇨	Na^+；4，Cl^-；4	Cs^+；1，Cl^-；1	Zn^{2+}；4，S^{2-}；4

解説 ▶ **NaClの単位格子に含まれるイオンの数の求め方**

Na^+；辺の中央にあるNa^+は4つの単位格子に属し，辺は12本ある。

さらに中心に1個のNa^+があるから，$\frac{1}{4}\times 12+1=4$個

Cl^-；Na^+と同数であるから，4個

▶ **CsClの単位格子に含まれるイオンの数の求め方**

Cs^+；中心に1個ある。

Cl^-；頂点にあるCl^-は8つの単位格子に属し，頂点は8個あるので，$\frac{1}{8}\times 8=1$個

2 **単位格子の一辺がl〔cm〕，**
陽イオンの半径がr^+〔cm〕
陰イオンの半径がr^-〔cm〕のとき，

$$\begin{cases} \text{NaCl} ⇨ \boldsymbol{l=2(r^+ + r^-)} \\ \text{CsCl} ⇨ \boldsymbol{\sqrt{3}\,l=2(r^+ + r^-)} \end{cases}$$

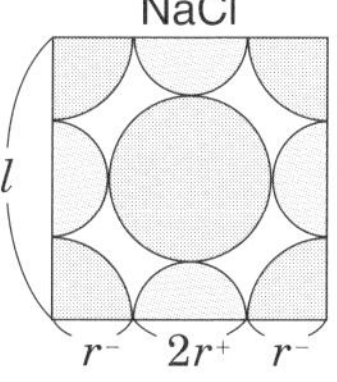

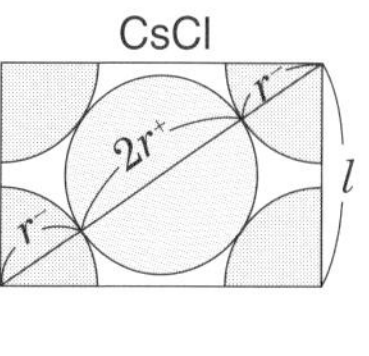

（**1**の図中の赤色の切り口を示したもの）

入試問題例　NaCl結晶格子における半径比　岩手大

塩化ナトリウム結晶の結晶格子の断面**ABCD**が図のようになる場合を考える。陽イオン半径をa〔cm〕，陰イオン半径をb〔cm〕として，このときのイオン半径比$\frac{a}{b}$を求めよ。

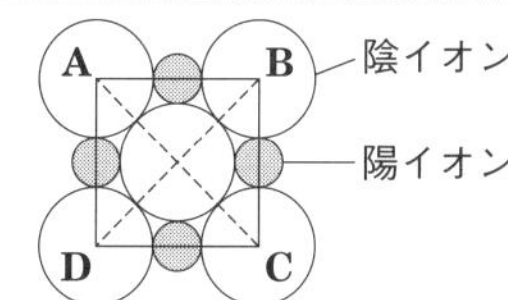

解説 発展3－**2**より，NaClの結晶格子においては，$l=2(a+b)$ ……①
図では，陰イオンどうしも接しているので，$\sqrt{2}\,l=4b$ …………②

①，②より，$\frac{a}{b}=\sqrt{2}-1$

答 $\boldsymbol{\sqrt{2}-1}$

6 原子量・分子量と物質量

最重要 24 原子の**相対質量**と**原子量**の**違い**をおさえる。

1 原子の **相対質量**；「^{12}C の質量を 12」としたときの**各原子の相対的な質量**。

解説 同数の ^{12}C と元素Xの原子の質量がそれぞれ a〔g〕，b〔g〕のとき，元素Xの原子の相対質量を x とすると，　$a : b = 12 : x$

2 元素の **原子量**；$\left(\begin{matrix}\text{同位体の}\\\text{相対質量}\end{matrix}\right) \times \dfrac{\text{存在比〔\%〕}}{100}$ **の和**

解説 ▶天然の元素の多くは同位体（⇨ p.11）が存在し，その存在比は一定である。
▶**同位体の相対質量≒質量数** ⇨ 同位体の相対質量が示されてないときは，その質量数で計算する。

例題 **相対質量と原子量**

(1) ^{12}C の原子 1 個の質量は 1.993×10^{-23} g であり，^{1}H の原子 1 個の質量は 1.674×10^{-24} g である。^{1}H の原子の相対質量はどれだけか。
(2) 天然の塩素は ^{35}Cl と ^{37}Cl からなり，その存在比はそれぞれ 75.8％，24.2％，相対質量は 35.0，37.0 である。塩素の原子量はどれだけか。

解説 (1) ^{1}H の原子の相対質量を x とすると，最重要 24－**1** より，

$$1.993 \times 10^{-23} : 1.674 \times 10^{-24} = 12 : x \qquad \therefore \quad x \fallingdotseq 1.008$$

(2) 最重要 24－**2** より，Cl の原子量 $= 35.0 \times \dfrac{75.8}{100} + 37.0 \times \dfrac{24.2}{100} \fallingdotseq 35.5$

答 (1) **1.008**　(2) **35.5**

最重要 **25**

反応する**元素の質量**(比)と**化学式**から次の関係を用いて**原子量**を導くことができる。

「元素A，Bの原子の質量比＝原子量比」

⇨ 原子数がx：yのときの質量比＝原子量とx，yの積の比。

解説 化学式A_xB_y（原子量A：M_A，B：M_B）において，
Aの質量：Bの質量＝$M_A \times x$：$M_B \times y$

例題　反応量と原子量

金属Mを5.4gとり，酸素中で完全に燃焼させたところ，組成式M_2O_3で表される金属酸化物10.2gが得られた。この金属の原子量を求めよ。酸素の原子量：16

解説 金属M 5.4gと反応した酸素の質量は，10.2－5.4＝4.8g
金属Mの原子量をxとすると，最重要25より，$5.4 : 4.8 = x \times 2 : 16 \times 3$
∴　$x = 27$

答 **27**

入試問題例　原子量と存在比　東京工業大

酸化銅(Ⅰ)1.429gを水素により完全に還元したところ，銅1.269gが得られた。銅には2種類の同位体^{63}Cuと^{65}Cuが存在する。^{63}Cuの存在比は何％か。ただし，酸素の原子量は16.00，^{63}Cu，^{65}Cuの相対質量はそれぞれ62.93，64.93とする。

解説 銅1.269gと結合していた酸素の質量は，1.429－1.269＝0.160g
最重要25より銅の原子量をxとすると，酸化銅(Ⅰ)Cu_2Oより，
$1.269 : 0.160 = 2x : 16.00$　　∴　$x = 63.45$
最重要24－**2**より，^{63}Cuの存在比をy〔%〕とすると，

$$62.93 \times \frac{y}{100} + 64.93 \times \frac{100 - y}{100} = 63.45 \qquad \therefore \quad y = 74.0\%$$

答 **74.0%**

最重要 26

化学式から分子量・式量，さらに元素組成を求められるようにすること。

1
- **分子量**；**分子式**を構成する元素の**原子量の総和**。
- **式　量**；**組成式**や**イオンを表す化学式**を構成する元素の**原子量の総和**。

2 化学式中の各元素の**原子量比**＝化合物中の各元素の**質量比**

補足 化合物中の元素Aの元素組成〔%〕$= \dfrac{\text{Aの原子量×原子の個数}}{\text{分子量または式量}} \times 100$

例題 分子式と元素組成

エタンC_2H_6について次の問いに答えよ。原子量：H＝1.0，C＝12.0

⑴ エタンに含まれる炭素の質量パーセントはどれだけか。

⑵ エタン400g中には炭素は何g含まれているか。

解説 ⑴ $C_2H_6 = 30.0$ より，$\dfrac{12.0 \times 2}{30.0} \times 100 = 80\%$

⑵ $400\,\text{g} \times \dfrac{80}{100} = 320\,\text{g}$

答 ⑴ **80%**

⑵ **320g**

物質量(mol)について，次の**2点**を確実におさえ，活用できるようにする。← 化学計算はmolで解く。

1 原子・分子・イオン } **1 mol** ⇨ { 原子数・分子数・イオン数 } $= 6.02\times10^{23}$，質量$=M$〔g〕

M；原子量，分子量，式量

解説 ▶ 6.02×10^{23}個の粒子(原子・分子・イオンなど)の集団が**1 mol (モル)**で，molを単位とする物質の量が**物質量**である。

▶**アボガドロ定数**N_A；1 molあたりの粒子の数。$N_A = 6.02\times10^{23}$/mol

▶**モル質量**〔g/mol〕；物質1 molの質量。⇨ 上記のモル質量$=M$〔g/mol〕

2 **物質量n〔mol〕・質量w〔g〕・粒子数aの関係**

$$n=\frac{w}{M}=\frac{a}{N_A} \qquad w=nM \qquad a=nN_A$$

M；モル質量〔g/mol〕　N_A；アボガドロ定数〔/mol〕

例題　物質量・質量・粒子数

次の文中の〔　〕に数値を入れよ。原子量；H＝1.0，O＝16.0，Cl＝35.5，Ca＝40.0，アボガドロ定数；6.0×10^{23}/molとする。

(1) 水分子9.0 gの物質量は〔 (a) 〕molで，原子の総数は〔 (b) 〕個である。

(2) 水に$CaCl_2$を〔 (c) 〕g溶かすと，0.20 molのCl^-が生じる。

解説　最重要27－**2**の関係式を利用すればよい。

(1) $H_2O = 18.0$より，　(a) $\dfrac{9.0}{18.0} = 0.50$ mol

(b) $6.0\times10^{23}\times0.50\times3 = 9.0\times10^{23}$ ← 水1分子あたり3個の原子

(2) (c) $CaCl_2 \longrightarrow Ca^{2+} + 2Cl^-$，

式量が$CaCl_2 = 111$より，　$111\times0.20\times\dfrac{1}{2} = 11.1$ g ≒ 11 g

答 (a) **0.50**

(b) **9.0×10^{23}**

(c) **11**

最重要 28

気体1molの分子数・質量・体積を確実におさえる。

気体はすべて分子である。

1molの気体
- **分子数；6.02×10^{23}個**
- **質　量；M〔g〕　M；分子量**
- **体　積；22.4L（標準状態）** ← 0℃，1.013×10^5Pa

解説 1molの気体が占める体積を**モル体積**という。標準状態のモル体積はどの気体でも22.4L/mol

例題　気体の体積と分子数・質量・分子量の関係

ある気体が標準状態で5.6Lある。次の問いに答えよ。
原子量；O＝16.0，アボガドロ定数は6.0×10^{23}/molとする。
(1) この気体中に，分子は何個含まれているか。
(2) この気体が酸素であるとすると，質量は何gか。
(3) この気体の質量が4.0gとすると，この気体の分子量はどれだけか。

解説 最重要28の関係を利用して，比例式をたてると解ける。

(1) $22.4 : 5.6 = 6.0 \times 10^{23} : x$　　∴　$x = 1.5 \times 10^{23}$個
(2) 分子量がO_2＝32.0より，　$22.4 : 5.6 = 32.0 : y$　　∴　$y = 8.0$g
(3) $22.4 : 5.6 = z : 4.0$　　∴　$z = 16$

答 (1) **1.5×10^{23}個**
(2) **8.0g**
(3) **16**

入試問題例　質量・分子数・気体の体積の大小　神戸薬大

次の記述(1)～(3)のうち，正しいものには○，誤っているものには×を記せ。
原子量；H = 1.0，He = 4.0，C = 12.0，O = 16.0，S = 32.0
アボガドロ定数；6.0×10^{23}/mol
(1) 水素分子 1.5×10^{23} 個が標準状態で占める体積は5.8 Lより大きい。
(2) 酸素4.8 gとヘリウム10 gの混合気体の分子数は 1.7×10^{24} 個より小さい。
(3) SO_2 9.6 gが標準状態で占める体積は，CO_2 6.8 gが標準状態で占める体積より小さい。

解説　最重要28をおさえていれば，解答できる。

(1) 水素分子の体積は，$22.4\,\text{L} \times \dfrac{1.5 \times 10^{23}}{6.0 \times 10^{23}} = 5.6\,\text{L}$

(2) $O_2 = 32.0$，He = 4.0 より，　混合気体の分子数は，

$$6.0 \times 10^{23} \times \left(\frac{4.8}{32.0} + \frac{10}{4.0}\right) = 1.59 \times 10^{24} \text{ 個}$$

(3) $SO_2 = 64.0$，$CO_2 = 44.0$ より，

$$\frac{9.6}{64.0} = 0.15\,\text{mol},\quad \frac{6.8}{44.0} \fallingdotseq 0.155\,\text{mol}$$

1 mol＝22.4 Lと決まっているので，物質量で比較すればよい。

答　(1) ×　(2) ○　(3) ○

7 化学反応式と量的関係

最重要 29 化学反応式の計算では，「係数比＝物質量比」がポイント。

物質量（モル）を基準に比例計算する。

例 アンモニアの生成反応（分子量；N_2＝28，H_2＝2.0，NH_3＝17）

	N_2	+	$3H_2$	⟶	$2NH_3$
物質量 ⇨	**1 mol**		**3 mol**		**2 mol**
質　量 ⇨	**28 g**		**3×2.0 g**		**2×17 g**
体　積（標準状態）⇨	**22.4 L**		**3×22.4 L**		**2×22.4 L**
体積比（同温・同圧）⇨	**1**	：	**3**	：	**2**

解説 ▶n〔mol〕｛質量；nM〔g〕（M；分子量・式量）／気体の体積；$22.4n$〔L〕（標準状態）

▶**同温・同圧の気体；係数比＝体積比**

例題　化学反応式と量的関係

プロパンガスC_3H_8を空気中で燃焼させると，次のように反応する。

$$C_3H_8 + 5O_2 \longrightarrow 3CO_2 + 4H_2O$$

原子量；H＝1.0，C＝12.0，O＝16.0として，問いに答えよ。

(1) プロパン11.0 gを空気中で燃焼させると，水は何g生じるか。また，生成する二酸化炭素は標準状態で何Lか。

(2) プロパン2 Lと反応する酸素は何Lか。また，その反応により生成する二酸化炭素は何Lか。ただし，気体の体積はすべて同温・同圧とする。

解説 (1) C_3H_8＝44.0より，　プロパン11.0 gの物質量は，$\dfrac{11.0}{44.0}=0.250\,\mathrm{mol}$

化学反応式の係数より，C_3H_8 1 molからH_2O 4 mol，CO_2 3 molが生じる。

｛水の質量；分子量がH_2O＝18.0より，　$0.250\,\mathrm{mol}\times4\times18.0\,\mathrm{g/mol}=18.0\,\mathrm{g}$

　二酸化炭素の体積；$0.250\,\mathrm{mol}\times3\times22.4\,\mathrm{L/mol}=16.8\,\mathrm{L}$

(2) 化学反応式の係数より，C_3H_8 1mol と反応する O_2 は5mol，生成する CO_2 は3mol。

同温・同圧において，係数比＝体積比なので，求める O_2 の体積を x〔L〕，CO_2 の体積を y〔L〕とすると，$1:5:3=2:x:y$

∴　$x=10$L　$y=6$L

答　(1) 水：**18.0g**　二酸化炭素：**16.8L**

(2) 酸素：**10L**　二酸化炭素：**6L**

混合物の反応では，質量・体積からの式と「係数比＝物質量比」からの式を立てる。

1 **混合物中の成分物質**を***x*〔mol〕，*y*〔mol〕**，…とおいて，**未知数と同じ数の方程式を立てる。**

解説　多くの場合，混合物の質量・体積からの方程式と，混合物の反応による化学反応式の「係数比＝物質量比」からの方程式ができるようになっている。

2 **混合物が気体**であり，**反応前後などすべて同温・同圧の体積**で示されているときは，**成分気体を*x*〔L〕，*y*〔L〕**，…とおいて，**未知数と同じ数の方程式を立てる。**

解説　この場合でも x〔mol〕，y〔mol〕，…とおいて解くことができるが，次の〔**入試問題例**〕のように，体積で数値がすべて与えられ，物質量に換算する必要がない場合は x〔L〕，y〔L〕としたほうがよい。

入試問題例　混合気体の物質量比　横浜国大

H_2，O_2，Heの3種類の気体を混合し，体積268.8L，質量216.0gの混合気体をつくった。この混合気体中で H_2 の燃焼反応を行ったところ，H_2 は完全燃焼し，H_2O が生成した。生成した H_2O を取り除くと，O_2 とHeのみを含む混合気体が残り，その体積は134.4Lとなった。最初の混合気体中に含まれていた H_2，O_2，Heのmol比を最も小さな整数の比で表せ。ただし，体積はいずれも標準状態のものとして考えよ。

原子量；H＝1.0，He＝4.0，O＝16.0

解説 最重要30－**1**より，最初の混合気体に含まれるH_2をx〔mol〕，O_2をy〔mol〕，Heをz〔mol〕とすると，燃焼前の体積が268.8L，質量が216.0gより，

$$22.4\,(x+y+z)=268.8 \quad \cdots\cdots ①$$

$$2.0x+32.0y+4.0z=216.0 \quad \cdots\cdots ②$$

H_2の完全燃焼の化学反応式は，$2H_2 + O_2 \longrightarrow 2H_2O$

最重要29より，$H_2 : O_2 = 2 : 1$の物質量比で反応する。したがって，H_2がx〔mol〕，O_2が$\frac{x}{2}$〔mol〕消費される。H_2を完全燃焼したあとのO_2とHeのみの混合気体の体積が134.4Lより，

$$22.4\left\{(x-x)+\left(y-\frac{x}{2}\right)+z\right\}=22.4\left(y-\frac{x}{2}+z\right)=134.4 \quad \cdots\cdots ③$$

①，②，③を解いて，$x=4$，$y=\frac{44}{7}$，$z=\frac{12}{7}$

求める整数比は，$H_2 : O_2 : He = 4 : \frac{44}{7} : \frac{12}{7}$

$= 7 : 11 : 3$

答 **7：11：3**

入試問題例　混合気体と反応量と体積　東京女子大

メタンとプロパンの混合気体**A**がある。常温で，この混合気体**A** 1.0Lを9.0Lの酸素と混合して完全燃焼させた。生成物をもとの温度にもどしたときの気体の体積は7.4Lであった。もとの混合気体**A**に含まれるメタンの体積百分率〔%〕を求めよ。ただし，生じた水の体積は無視できるものとする。

解説 最重要30－**2**より，メタンx〔L〕，プロパンy〔L〕とすると，

$$x+y=1.0\,\text{L} \quad \cdots\cdots ①$$

燃焼の化学反応式 $CH_4 + 2O_2 \longrightarrow CO_2 + 2H_2O$

$C_3H_8 + 5O_2 \longrightarrow 3CO_2 + 4H_2O$

において，係数比＝体積比（最重要29），また，生じたH_2Oは液体であり，体積は無視できるから，

$$(1.0+9.0)-(\underline{\underline{x+2x+y+5y}})+(\underline{\underline{x+3y}})=7.4\,\text{L}$$

消費する気体の体積　生成する気体の体積

よって　$2x+3y=2.6 \quad \cdots\cdots ②$

①，②より，$x=0.4$L，$y=0.6$L

メタンの体積%は　$\frac{0.4}{1.0}\times 100=40\%$

答 **40%**

物質Aのある元素がすべて物質Bに移行する場合，物質Aと物質Bの化学式のみで求める。

AとBの 化学式からわかる量的関係 より比例計算する。

例 塩化ナトリウムNaCl x〔g〕を原料として炭酸ナトリウムNa_2CO_3 y〔g〕をつくる場合，NaClのNaはすべてNa_2CO_3に移行する。式量：NaCl＝58.5，Na_2CO_3＝106.0より，Naに着目して，

		2NaCl	⟶	Na_2CO_3 ←化学反応式を用いなくてよい。	
物質量	⇨	2 mol		1 mol	
質量	⇨	2×58.5 g	：	106.0 g	＝x：y

入試問題例 黄鉄鉱と硫酸の生成量　芝浦工大

硫酸は次の反応式によってつくられる。50％の硫酸10 kgをつくるには，純度80％の黄鉄鉱（主成分はFeS_2）何kgが必要か。

$4FeS_2 + 11O_2 \longrightarrow 2Fe_2O_3 + 8SO_2$

$2SO_2 + O_2 \longrightarrow 2SO_3$

$SO_3 + H_2O \longrightarrow H_2SO_4$

原子量：H＝1.0，O＝16，S＝32，Fe＝56

解説 Sについて，$\underline{\underline{FeS_2}} \longrightarrow 2SO_2 \longrightarrow 2SO_3 \longrightarrow \underline{\underline{2H_2SO_4}}$

最重要31より，要する純粋なFeS_2をx〔kg〕とすると，FeS_2＝120，H_2SO_4＝98より，

$$\underline{\underline{120}} : \underline{\underline{2\times 98}} = x : 10\times\frac{50}{100} \qquad \therefore\ x \fallingdotseq 3.06\,\text{kg}$$

（120 ← 1 mol，2×98 ← 2 mol）

純度80％の黄鉄鉱の質量は，$3.06\times\frac{100}{80} \fallingdotseq 3.8\,\text{kg}$

答 **3.8 kg**

8 溶液の濃度

最重要 32

質量パーセント濃度は溶液100gに，モル濃度は溶液1Lに着目。

1 質量パーセント濃度〔%〕

⇨ **溶液100g** 中の**溶質のg数**で表す。

解説 溶液 W〔g〕(溶媒の質量＋溶質の質量)に溶質 w〔g〕が溶けている場合の質量パーセント濃度 a〔%〕は，

$$a=\frac{w}{W}\times100\,〔\%〕$$

2 モル濃度〔mol/L〕

⇨ **溶液1L** 中の**溶質の物質量(mol数)**で表す。

解説 溶液 V〔L〕に溶質 n〔mol〕が溶けている溶液のモル濃度 c〔mol/L〕は，

$$c=\frac{n}{V}\,〔\mathrm{mol/L}〕$$

例題　質量パーセント濃度とモル濃度

NaOHの式量を40.0として，次の問いに答えよ。

(1) 水100gにNaOH 20.0gを溶かした水溶液の質量パーセント濃度はいくらか。

(2) (1)の水酸化ナトリウム水溶液の密度が1.2g/cm³とすると，モル濃度はいくらか。

(3) 0.10mol/Lの水酸化ナトリウム水溶液をつくるには，次の**ア**～**ウ**のどれが適当か。

ア　水1LにNaOHの固体4.0gを溶かす。

イ　水996gにNaOHの固体4.0gを溶かす。

ウ　NaOHの固体4.0gに水を加えて1Lとする。

解説 (1) $\dfrac{20.0}{100+20.0}\times 100 \fallingdotseq 16.7\%$

溶液＝溶媒＋溶質

(2) (1)の体積は，$\dfrac{120}{1.2}=100\,\text{mL}$

モル濃度を求めるには溶液の体積が必要。

よって，モル濃度は，$\dfrac{20.0}{40.0}\times\dfrac{1000}{100}=5.0\,\text{mol/L}$

(3) 溶液1L中にNaOH 0.10 mol (4.0 g)を含む水溶液をつくる。

答 (1) **16.7%**

(2) **5.0 mol/L**

(3) **ウ**

質量パーセント濃度⇄モル濃度の換算は，次の2点がポイント。

1 質量パーセント濃度からモル濃度

⇨ **溶液1Lを基準**にして**溶質の物質量〔mol〕を求める。**

解説 a〔%〕で密度d〔g/cm^3〕の溶液のモル濃度c〔mol/L〕は，溶質の分子量・式量をMとすると，

$$c=\overbrace{d\times 1000}^{\text{溶液1Lの質量}}\times\frac{a}{100}\times\frac{1}{M}\ \text{〔mol/L〕}$$

（$d\times1000\times\dfrac{a}{100}$：溶液1L中の溶質の質量）

2 モル濃度から質量パーセント濃度

⇨ **溶液100gを基準**にして**溶質の質量〔g〕を求める。**

解説 c〔mol/L〕で密度d〔g/cm^3〕の溶液の質量パーセント濃度a〔%〕は，溶質の分子量・式量をMとすると，

$$a=\frac{cM}{1000d}\times 100\ \text{〔%〕}$$

（cM：溶液1L中の溶質の質量，$1000d$：溶液1Lの質量，100：溶液100g）

入試問題例　質量パーセント濃度とモル濃度　日本女子大

次の(1)~(3)に答えよ。原子量：H = 1.0, C = 12, O = 16, S = 32

(1) 2.25%シュウ酸水溶液200 mLを固体のシュウ酸二水和物$H_2C_2O_4 \cdot 2H_2O$からつくりたい。シュウ酸二水和物は何g必要か。シュウ酸水溶液の密度は1.00 g/cm^{3}とする。

(2) (1)の2.25%のシュウ酸水溶液のモル濃度はいくらか。

(3) 1.0 mol/Lの硫酸500 mLを濃度98%の濃硫酸からつくりたい。98%硫酸の密度を1.84 g/cm^{3}とすると，この濃硫酸何mLが必要か。

解説 (1) 最重要33－**1**の式の1L(1000 mL)を200 mLに換算すると，必要である$H_2C_2O_4$(分子量 = 90)の物質量は，

$$1.00 \times 200 \times \frac{2.25}{100} \times \frac{1}{90} = 0.050\,\text{mol}$$

であり，これは必要な$H_2C_2O_4 \cdot 2H_2O$の物質量に等しい。

式量は$H_2C_2O_4 \cdot 2H_2O = 126$なので，$126 \times 0.050 = 6.3\,\text{g}$

(2) 溶液200 mL中にシュウ酸0.050 molが含まれるから，1L(1000 mL)中に含まれるシュウ酸の物質量は，

$$0.050 \times \frac{1000}{200} = 0.25\,\text{mol/L}$$

(3) 要する濃硫酸をx〔mL〕とし，最重要33－**1**の関係式を利用して解く。

1.0 mol/Lの硫酸500 mL中のH_2SO_4の物質量と，必要な濃硫酸中のH_2SO_4の物質量が等しくなることに着目すると，

分子量は$H_2SO_4 = 98$より，

$$1.84 \times x \times \frac{98}{100} \times \frac{1}{98} = 1.0 \times \frac{500}{1000} \qquad \therefore \quad x \fallingdotseq 27\,\text{mL}$$

答 (1) **6.3 g**

(2) **0.25 mol/L**

(3) **27 mL**

一般に**固体の溶解度**は，**溶媒100g**に溶けうる**溶質のg数**で表すことを確認する。

「溶液」ではないことに着目。

固体の溶解度；溶媒100gに溶けることができる溶質のg数。
質量パーセント濃度；溶液100gに溶けている溶質のg数。

例題　固体の溶解度と質量パーセント濃度

15℃の水への硝酸カリウムの溶解度(水100gに溶けるg数)は25gとする。

(1) 15℃の硝酸カリウム飽和水溶液の質量パーセント濃度はどれだけか。

(2) 質量パーセント濃度10%の硝酸カリウム水溶液200gがある。15℃のこの水溶液に，さらに何gの硝酸カリウムの結晶が溶けるか。

解説 (1) $\frac{25}{100+25}\times 100=20\%$

(2) 10%の硝酸カリウム水溶液200g中のKNO_3は，$200\times\frac{10}{100}=20$g

水は，$200-20=180$g　である。この水に溶けることができるKNO_3は，

$25\times\frac{180}{100}=45$g　なので，さらに溶ける$KNO_3$は，$45-20=25$g

答 (1) **20%**

(2) **25g**

溶解度曲線を読むことができるようにする。

1 右の物質**X**の溶解度曲線について；

A点；50℃の水100gに**X**が40g溶解。
⇨ **不飽和水溶液**

B点；**A**点の溶液を冷却して40℃となった。⇨ **飽和水溶液**

C点；**B**点の溶液を冷却して20℃となった。⇨ **飽和水溶液**で(40－10)gの**X**の結晶が析出

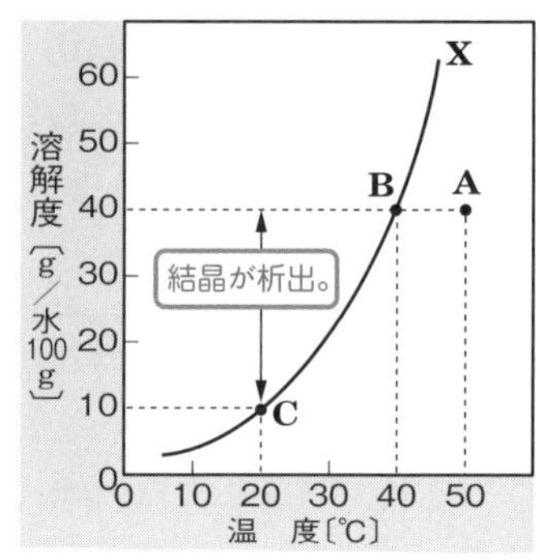

2 **飽和水溶液**；溶質を溶解度まで溶かした水溶液。
⇨ 見かけ上は溶解・析出が停止しているように見える。

補足 **飽和溶液と溶解平衡**　飽和溶液では，単位時間に溶解する結晶の粒子(分子やイオン)の数と溶液から析出して結晶に戻る粒子(分子やイオン)の数が等しくなっている。このような状態を溶解平衡という。

入試問題例　溶解度曲線　　山口大

右に示す溶解度曲線について，次の**ア**～**ウ**の物質23gをそれぞれ50gの水に加え，よくかき混ぜた後，80℃に保った。得られた3つの水溶液のうち，飽和状態になっているものはどれか。

ア　塩化ナトリウム　　**イ**　塩化カリウム
ウ　硝酸カリウム

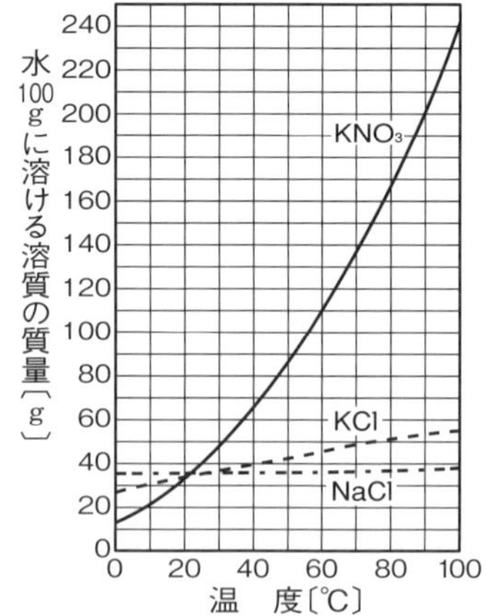

解説　参考2の確認問題。
水100gに対しては，23g×2＝46g加えたことになる。溶解度曲線より，飽和水溶液になっているのはNaClである。

答　**ア**

9 酸・塩基とその量的関係

最重要 34 酸・塩基の定義について，ブレンステッド・ローリーとアレニウスの違いをおさえる。

1 ブレンステッド・ローリーの定義

反応において，H^+を
- **与えるもの** ⇨ **酸**

- **受け取るもの** ⇨ **塩基**

解説 反応によって，H_2Oは，酸にも塩基にもなる。

2 アレニウスの定義

水溶液中で，
- **H^+を生じるもの** ⇨ **酸**

- **OH^-を生じるもの** ⇨ **塩基**

解説 アレニウスの酸・塩基は，水溶液の性質(H^+，OH^-の電離)による分類であり，ブレンステッド・ローリーの酸・塩基は，反応におけるH^+の授受による分類である。

補足 定義の問題はブレンステッド・ローリーの酸・塩基で出題され，その他の問題はアレニウスの酸・塩基で出題される。

例題 酸・塩基の定義

次の化学反応式において，下線部の物質は，ブレンステッド・ローリーの酸・塩基の定義によると，酸・塩基のどちらか。

(1) $HCl + \underline{H_2O} \longrightarrow H_3O^+ + Cl^-$

(2) $\underline{Na_2CO_3} + HCl \longrightarrow NaHCO_3 + NaCl$

(3) $\underline{CH_3COONa} + H_2O \rightleftarrows CH_3COOH + NaOH$

(4) $Na_2CO_3 + \underline{H_2O} \rightleftarrows NaHCO_3 + NaOH$

解説 最重要34－**1**を理解していれば，簡単に解答できる。

(1) $HCl + \underline{H_2O} \longrightarrow H_3O^+ + Cl^-$ よって，塩基。
（H^+：HCl → H_2O）

(2) $\underline{Na_2CO_3} + HCl \longrightarrow NaHCO_3 + NaCl$ よって，塩基。
（Na^+：Na_2CO_3 → HCl，H^+：HCl → Na_2CO_3）

(3) $CH_3COONa + H_2O \rightleftarrows CH_3COOH + NaOH$ よって，塩基。

（Na^+ は H_2O へ，H^+ は CH_3COONa へ）

(4) $Na_2CO_3 + H_2O \rightleftarrows NaHCO_3 + NaOH$ よって，酸。

（Na^+ は H_2O へ，H^+ は Na_2CO_3 へ）

答 (1) **塩基**　(2) **塩基**　(3) **塩基**　(4) **酸**

最重要 35 酸・塩基の強弱の意味と 3つの強酸，4つの強塩基 をおさえておく。

これらはアレニウスの酸・塩基である。以下同様。

1 強酸；水に溶け，電離度が大きい酸。

完全に電離すると1。

⇨

HCl	H_2SO_4	HNO_3
塩酸	硫酸	硝酸

解説 ▶酸は水溶液中で電離してH^+を生じ，酸性を示す。電離度の大きい酸はH^+を多く生じ，強い酸性を示す。⇨ H^+は水溶液中でH_3O^+(オキソニウムイオン)として存在する。 例 塩酸；$HCl \longrightarrow H^+ + Cl^-$ ⇨ $HCl + H_2O \longrightarrow H_3O^+ + Cl^-$

▶強酸の電離度は1とみなす。

補足 **弱酸；電離度の小さい酸**。酢酸CH_3COOH，硫化水素H_2S，二酸化炭素CO_2，リン酸H_3PO_4など。← リン酸は弱酸の中では比較的強い酸。

2 強塩基；水に溶け，電離度が大きい塩基。

⇨

$NaOH$	KOH
水酸化ナトリウム	水酸化カリウム
$Ca(OH)_2$	$Ba(OH)_2$
水酸化カルシウム	水酸化バリウム

解説 ▶塩基は水溶液中で電離してOH^-を生じ，塩基性(アルカリ性)を示す。強塩基は水に溶けて電離し，多くのOH^-を生じ，強い塩基性を示す。

▶強塩基の電離度は1とみなす。

補足 水酸化マグネシウム$Mg(OH)_2$，水酸化銅(Ⅱ) $Cu(OH)_2$，水酸化鉄(Ⅱ) $Fe(OH)_2$などの金属水酸化物の多くは水に溶けにくく**弱塩基**である。また，アンモニアNH_3は水酸化物でないが，水に溶けて一部電離し(電離度が小さい)，次のようにOH^-を生じるから弱塩基である。

$$NH_3 + H_2O \rightleftarrows NH_4^+ + OH^-$$

最重要 36

酸と塩基の中和反応では，次の 2 点をおさえておくこと。

1 **酸 ＋ 塩基 $\xrightarrow{\text{中和}}$ 塩 ＋ 水**

解説 塩とは，酸の陰イオンと塩基の陽イオンからなる物質。酸と塩基から水がとれて生成する。

2 **中和反応 ⇨ $H^+ + OH^- \longrightarrow H_2O$** ←― 1 の化学反応式

解説

中和反応 ⇨	**酸水溶液**	＋	**塩基水溶液**	→	**塩**	＋	**水**
	HCl	＋	NaOH	→	NaCl	＋	H_2O
水溶液中 ⇨	H^+ ＋ ~~Cl^-~~	＋	~~Na^+~~ ＋ OH^-	→	~~Na^+~~ ＋ ~~Cl^-~~	＋	H_2O
変　化 ⇨	H^+	＋	OH^-	→			H_2O

酸と塩基の中和の計算は，次で求める。

酸の H^+ の物質量＝塩基の OH^- の物質量

〔**酸の H^+，塩基の OH^- の物質量の導き方**〕←― 次の 2 つしかないので，確実に。

1 **c〔mol/L〕の n 価の $\left\{\begin{matrix}\text{酸}\\\text{塩基}\end{matrix}\right\}$ 溶液 V〔L〕中の $\left\{\begin{matrix}H^+\\OH^-\end{matrix}\right\}$ の物質量**

⇨ cVn〔mol〕 ←― 溶液の体積 V〔L〕が与えられているときはこれ。

2 **分子量・式量 M の n 価の $\left\{\begin{matrix}\text{酸}\\\text{塩基}\end{matrix}\right\}$ W〔g〕中の $\left\{\begin{matrix}H^+\\OH^-\end{matrix}\right\}$ の物質量**

⇨ $\dfrac{Wn}{M}$〔mol〕 ←― 酸・塩基の質量 W〔g〕が与えられているときはこれ。

解説 ▶酸の化学式中で，水素イオン H^+ になることができる水素原子 H の数を**酸の価数**という。また，塩基の化学式中で，水酸化物イオン OH^- になることができる OH の数（または受け取ることができる H^+ の数）を**塩基の価数**という。

▶ **1 価の酸**；HCl，HNO_3，CH_3COOH　**2 価の酸**；H_2SO_4，H_2S，CO_2
1 価の塩基；NaOH，KOH，NH_3　**2 価の塩基**；$Ca(OH)_2$，$Ba(OH)_2$

（NH_3 ←）OH をもたないのになぜ 1 価の塩基なのかは最重要 35－ 2 を参照。

例題　酸・塩基の中和定量

次の(1)，(2)の問いに答えよ。原子量；H＝1.0，O＝16.0，Ca＝40.0

(1) 0.20 mol/Lの希硫酸20.0 mLを中和するのに，0.10 mol/Lの水酸化ナトリウム水溶液何mLが必要か。

(2) 0.20 mol/Lの希塩酸50.0 mLを中和するのに，水酸化カルシウム何gを要するか。

解説 (1) 最重要37－■1を利用して解く。「酸のH^+の物質量＝塩基のOH^-の物質量」より，要する水酸化ナトリウム水溶液をx〔mL〕とすると，

$$\underbrace{0.20\times\frac{20.0}{1000}\times\overset{\text{価数}}{2}}_{H_2SO_4}=\underbrace{0.10\times\frac{x}{1000}\times1}_{NaOH}\qquad\therefore\ x=80\,\text{mL}$$

(2) 水酸化カルシウムについては最重要37－■2を利用する。「酸のH^+の物質量＝塩基のOH^-の物質量」より，要する水酸化カルシウムをx〔g〕とすると，
式量は$Ca(OH)_2$＝74.0より，

$$\underbrace{0.20\times\frac{50.0}{1000}\times1}_{HCl}=\underbrace{\frac{x}{74.0}\times\overset{\text{価数}}{2}}_{Ca(OH)_2}\qquad\therefore\ x=0.37\,\text{g}$$

答 (1) **80 mL**
(2) **0.37 g**

中和滴定に用いる3つの器具とその使用方法，また，器具の洗浄についてもおさえる。

1

- **ホールピペット**；一定体積（10～25 mL）の水溶液をとる。
- **メスフラスコ**；一定濃度の水溶液（100～250 mL）をつくる。
- **ビュレット**；滴下した水溶液の体積をはかる。

解説 いずれも正確な体積を示している。メスシリンダーや駒込（こまごめ）ピペットなどは精度が低いため，定量器具としては用いない。

2 使用する場合

- **メスフラスコ，コニカルビーカー**（または三角フラスコ）⇨ 純水で洗い，ぬれたままでよい。
- **ホールピペット，ビュレット** ⇨ とる試料液で洗う。

解説 ▶メスフラスコは，試料を入れた後，純水を加えてうすめるため，また，コニカルビーカー（または三角フラスコ）は，純水の有無は試料の量とは関係がないため，使用するときに純水でぬれていてもよい。

▶ホールピペットやビュレットは，純水でぬれているとはかりとった溶液の濃度がうすくなるから，あらかじめとる試料液で洗う。（共洗いという。）

入試問題例　中和滴定に用いる器具の使用方法　センター試験

酢酸水溶液**A**の濃度を中和滴定によって決めるために，あらかじめ純水で洗浄した器具を用いて，次の**操作1～3**からなる実験を行った。

操作1　ホールピペットで**A**を10.0mLとり，これを100mLのメスフラスコに移し，純水を加えて100mLとした。これを水溶液**B**とする。

操作2　別のホールピペットで**B**を10.0mLとり，これをコニカルビーカーに移し，指示薬を加えた。これを水溶液**C**とする。

操作3　0.110mol/L水酸化ナトリウム水溶液**D**をビュレットに入れて，**C**を滴定した。

操作1～3における実験器具の使い方として誤りを含むものを，次の①～⑤から1つ選べ。

① **操作1**で，ホールピペットの内部に水滴が残っていたので，内部を**A**で洗って用いた。
② **操作1**で，メスフラスコの内部に水滴が残っていたが，そのまま用いた。
③ **操作2**で，コニカルビーカーの内部に水滴が残っていたので，内部を**B**で洗ってから用いた。
④ **操作3**で，ビュレットの内部に水滴が残っていたので，内部を**D**で洗って用いた。
⑤ **操作3**で，コック（活栓）を開いてビュレットの先端部分まで**D**を満たしてから滴定を始めた。

解説　最重要38－**2**をおさえておけば解答できる。

① ホールピペットは，とる試料液である**A**で洗う必要がある。
② メスフラスコは**A**を入れた後，純水でうすめるので，水滴が残ったまま使用してもよい。
③ コニカルビーカーを共洗いすると，**C**の溶質の物質量が変化してしまう。
④ ビュレットは，滴定に使う**D**で洗う必要がある。
⑤ ビュレットは，滴定を始める前に先端部分を溶液で満たしておく。

答　③

入試問題例　中和滴定の実験と計算　弘前大

市販の食酢中の酢酸含量を調べるため，次の実験**A**，**B**を行った。問いに答えよ。

実験**A**；0.630gのシュウ酸二水和物$H_2C_2O_4\cdot 2H_2O$（式量126）をビーカー中で少量の純水に溶かした後，この水溶液とビーカーの洗液を〔　(a)　〕に入れ，純水を加えて正確に100mLにした。このシュウ酸水溶液を〔　(b)　〕で正確に10.0mLはかりとって三角フラスコに入れ，〔　(c)　〕溶液を2～3滴加えた。この三角フラスコ中の溶液を〔　(d)　〕に入れた水酸化ナトリウム水溶液で滴定したら，12.5mL滴下したところで三角フラスコ中の溶液が淡い赤色になった。

実験**B**；市販の食酢を純水で正確に10倍にうすめた溶液を10.0mLはかりとり，実験**A**と同様の操作により実験**A**で用いた水酸化ナトリウム水溶液で滴定したら，8.75mL滴下したところで中和が完了した。

(1) 文中の空欄(a)～(d)に適当な実験器具あるいは指示薬名を記せ。

(2) 実験**A**で用いた ① シュウ酸水溶液，② NaOH水溶液 のモル濃度を求めよ。

(3) 市販の食酢中の酢酸のモル濃度を求めよ。酸は酢酸のみとする。

解説　(1) 最重要38－1による。

(a)「正確に100mLにした」からメスフラスコ。

(b)「正確に10.0mLはかり」からホールピペット。

(c) 弱酸のシュウ酸と強塩基の水酸化ナトリウムでの中和滴定の場合はフェノールフタレイン（⇨p.58）。

(d) 溶液の滴下体積をはかることからビュレット。

(2) ① $\dfrac{0.630}{126}\times\dfrac{1000}{100}=5.00\times10^{-2}\,\mathrm{mol/L}$

② 最重要37による。NaOH水溶液をx〔mol/L〕とすると，

$$5.00\times10^{-2}\times\frac{10.0}{1000}\times2=x\times\frac{12.5}{1000}\times1\qquad\therefore\ x=8.00\times10^{-2}\,\mathrm{mol/L}$$

(3) 市販の食酢中の酢酸をy〔mol/L〕とすると，10倍にうすめた溶液で滴定したから，

$$\frac{y}{10}\times\frac{10.0}{1000}\times1=8.00\times10^{-2}\times\frac{8.75}{1000}\times1\qquad\therefore\ y=0.700\,\mathrm{mol/L}$$

答　(1) (a) **メスフラスコ**　(b) **ホールピペット**　(c) **フェノールフタレイン**　(d) **ビュレット**

(2) ① **5.00×10^{-2}mol/L**　② **8.00×10^{-2}mol/L**

(3) **0.700mol/L**

10 pH と滴定曲線

最重要 39 pH は，次の 2 つから求める。

1

$[H^+]$ =（1 価の酸のモル濃度）×（電離度）

← 水素イオン H^+ のモル濃度

$[OH^-]$ =（1 価の塩基のモル濃度）×（電離度）

← 水酸化物イオン OH^- のモル濃度

補足 強酸，強塩基水溶液の電離度は 1 とする。

2 $[H^+] = 1.0 \times 10^{-a}$ mol/L ⇨ **pH = a**

解説 pH と $[H^+]$，$[OH^-]$ の関係を次に示す（25℃）。

pH	0	1	2	3	4	5	6	7	8	9	10	11	12	13	14
$[H^+]$〔mol/L〕	1	10^{-1}	10^{-2}	10^{-3}	10^{-4}	10^{-5}	10^{-6}	10^{-7}	10^{-8}	10^{-9}	10^{-10}	10^{-11}	10^{-12}	10^{-13}	10^{-14}
$[OH^-]$〔mol/L〕	10^{-14}	10^{-13}	10^{-12}	10^{-11}	10^{-10}	10^{-9}	10^{-8}	10^{-7}	10^{-6}	10^{-5}	10^{-4}	10^{-3}	10^{-2}	10^{-1}	1

補足 **酸　性** ⇨ $[H^+] > [OH^-]$　$[H^+] > 1.0 \times 10^{-7}$ mol/L　pH<7
中　性 ⇨ $[H^+] = [OH^-]$　$[H^+] = 1.0 \times 10^{-7}$ mol/L　pH=7
塩基性 ⇨ $[H^+] < [OH^-]$　$[H^+] < 1.0 \times 10^{-7}$ mol/L　pH>7

例題 酸・塩基の水溶液の pH

次の水溶液の pH を求めよ。
(1) 0.010 mol/L の塩酸　(2) 0.010 mol/L の水酸化ナトリウム水溶液
(3) 0.10 mol/L の酢酸水溶液，電離度 0.010

解説 (1) 最重要 39－**1** より，強酸の水溶液の電離度は 1 とみなすので，

$[H^+] = 0.010$ mol/L $= 1.0 \times 10^{-2}$ mol/L　∴ pH = 2

(2) 最重要 39－**1** より，強塩基の水溶液の電離度は 1 とみなすので，

$[OH^-] = 0.010$ mol/L $= 1.0 \times 10^{-2}$ mol/L

最重要 39－**2** の表より，$[H^+] = 1.0 \times 10^{-12}$ mol/L　∴ pH = 12

(3) $[H^+] = 0.10 \times 0.010 = 1.0 \times 10^{-3}$ mol/L　∴ pH = 3

答 (1) **2**　(2) **12**　(3) **3**

水のイオン積を用いたpHの求め方をおさえておくこと。

1 水のイオン積；$[H^+][OH^-]=1.0\times10^{-14}\ (mol/L)^2$

解説 水は，$H_2O \rightleftarrows H^+ + OH^-$のように電離し，一定温度では，$[H^+]$と$[OH^-]$の積は一定であり，25℃では$1.0\times10^{-14}\ (mol/L)^2$である。

2 対数を用いた求め方；$pH=-\log_{10}[H^+]$

解説 0.020 mol/Lの塩酸のpHは，次のように求められる（$\log_{10}2.0=0.3$）。

$[H^+]=0.020$ mol/L

$pH=-\log_{10}0.020=-\log_{10}(2.0\times10^{-2})=2-\log_{10}2.0=2-0.3=1.7$

入試問題例 中和とpH 神戸薬大改

(1) pHが11である1価の塩基の水溶液20 mLを中和するのに0.10 mol/Lの塩酸10 mLが必要であった。この塩基の電離度はいくらか。

(2) 0.10 mol/L希硫酸10 mLに0.20 mol/L水酸化ナトリウム水溶液を加えたところ，混合液のpHは13になった。加えた水酸化ナトリウム水溶液は何mLか。

解説 (1) 最重要37より，この塩基水溶液をx〔mol/L〕とすると，

$$\frac{x\times20}{1000}\times1=\frac{0.10\times10}{1000}\times1 \qquad \therefore\ x=0.050\ \text{mol/L}$$

最重要39－2より，pH＝11のとき，$[H^+]=1.0\times10^{-11}$ mol/L

さらに発展4－1より，$[H^+][OH^-]=1.0\times10^{-14}\ (mol/L)^2$なので，

$$[OH^-]=\frac{1.0\times10^{-14}}{1.0\times10^{-11}}=1.0\times10^{-3}\ \text{mol/L}$$

最重要39－1より，電離度をαとすると，$1.0\times10^{-3}=0.050\times\alpha \quad \therefore \alpha=0.020$

(2) 最重要39－2，発展4－1より，pH＝13から，

$$[OH^-]=\frac{1.0\times10^{-14}}{1.0\times10^{-13}}=0.10\ \text{mol/L}$$

最重要37－1より，NaOH水溶液をx〔mL〕とすると，

$$\left(\frac{0.20\times x}{1000}\times1-\frac{0.10\times10}{1000}\times2\right)\times\frac{1000}{10+x}=0.10 \qquad \therefore\ x=30\ \text{mL}$$

答 (1) **0.020**　(2) **30 mL**

中和滴定曲線と酸・塩基の強弱および指示薬との関係を確実に理解せよ。

最重要35の３つの強酸，４つの強塩基を再確認。

1 **中和滴定曲線の中和点**は，**酸・塩基の強いほうに片寄る。**

解説 酸と塩基が過不足なく反応して，中和反応が完了する点を**中和点**という。

補足 強酸と強塩基の中和では，中和点がどちらにも片寄らない。

2 **変色域**が**フェノールフタレインは塩基性**，**メチルオレンジは酸性**であるため，**中和滴定の指示薬**は次のとおり。

水溶液	中和点	指示薬
強酸と強塩基	どちらにも片寄らない	フェノールフタレイン，メチルオレンジのどちらでもよい
弱酸と強塩基	塩基性側に片寄る	フェノールフタレイン
強酸と弱塩基	酸性側に片寄る	メチルオレンジ

解説

〔指示薬〕	〔酸性⟷塩基性〕	〔変色域〕
フェノールフタレイン	無色⟷赤色	pH 8.0～9.8
メチルオレンジ	赤色⟷橙黄色	pH 3.1～4.4

例題　酸・塩基の中和滴定曲線と指示薬

次の(1)～(3)の水溶液の中和滴定曲線は，**ア～エ**のどれにあてはまるか。また，指示薬を**a～d**より選べ。溶液はいずれも0.1 mol/Lとする。

(1) 酢酸と水酸化ナトリウム水溶液

(2) 塩酸とアンモニア水

(3) 塩酸と水酸化ナトリウム水溶液

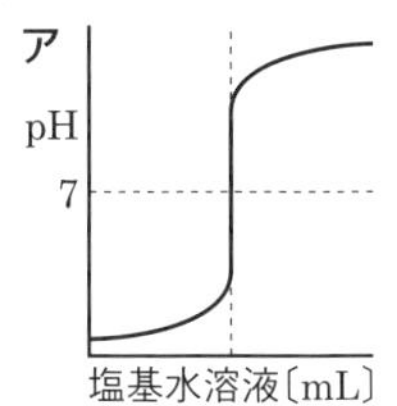

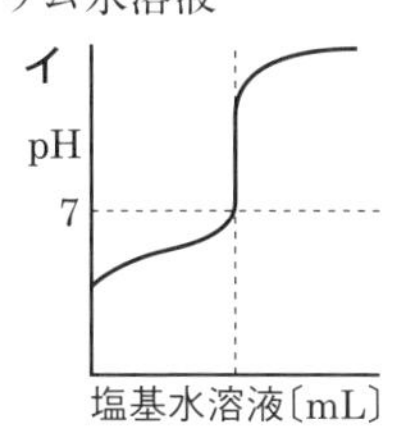

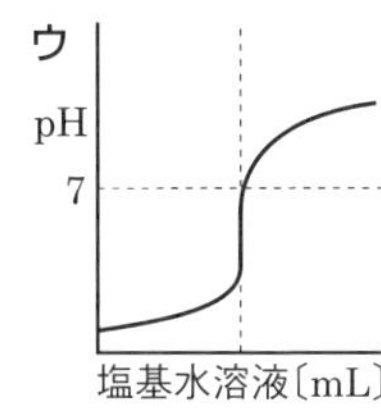

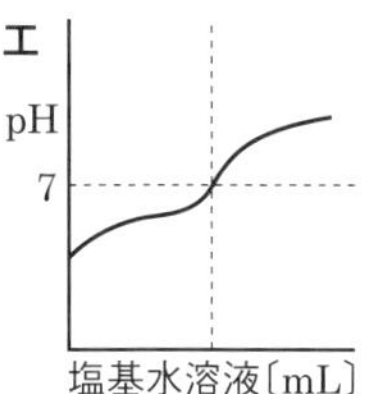

a　リトマス

b　フェノールフタレイン，メチルオレンジのどちらでもよい

c　フェノールフタレイン

d　メチルオレンジ

解説　(1) 弱酸の酢酸と強塩基の水酸化ナトリウム水溶液の中和であるから，中和点が塩基性側に片寄り，指示薬はフェノールフタレインである。
（変色域が塩基性。）

(2) 強酸の塩酸と弱塩基のアンモニア水の中和だから，中和点が酸性側に片寄り，指示薬はメチルオレンジである。
（変色域が酸性。）

(3) 強酸の塩酸と強塩基の水酸化ナトリウム水溶液の中和であるから，中和点はどちら側にも片寄らないので，フェノールフタレイン，メチルオレンジのどちらでもよい。

答　(1) **イ，c**

(2) **ウ，d**

(3) **ア，b**

塩の水溶液の性質（酸性・塩基性）については，次の 2 点が重要。

1 正塩の水溶液では，酸・塩基の**強いほうの性質**を示す。

強酸と**強塩基**の正塩の水溶液 ⇨ ほぼ**中性**

例 NaCl（NaOH と HCl との正塩），K_2SO_4（KOH と H_2SO_4 との正塩）

強酸と**弱塩基**の正塩の水溶液 ⇨ 加水分解して**酸性**

例 NH_4Cl（NH_3 と HCl との正塩），$CuSO_4$（$Cu(OH)_2$ と H_2SO_4 との正塩）

弱酸と**強塩基**の正塩の水溶液 ⇨ 加水分解して**塩基性**

例 CH_3COONa（CH_3COOH と NaOH との正塩）

解説 ▶**加水分解の例** CH_3COONa 水溶液について；

$CH_3COONa \longrightarrow CH_3COO^- + Na^+$ のように完全に電離し，CH_3COO^- の一部が水と次のように反応（加水分解）して OH^- を生じて塩基性を示す。

$$CH_3COO^- + H_2O \rightleftarrows CH_3COOH + OH^-$$

▶
- **正　　塩**；H^+，OH^- を含まない塩。
- **酸 性 塩**；H^+ が含まれている塩。
- **塩基性塩**；OH^- が含まれている塩。

「正塩だから中性」「酸性塩だから酸性」とは限らないので注意すること。

2 酸性塩の水溶液では，硫酸水素ナトリウム $NaHSO_4$ は**酸性**，炭酸水素ナトリウム $NaHCO_3$ は**塩基性**を示す。

補足 $NaHSO_4$ 水溶液は，次のように電離して酸性を示す。

$NaHSO_4 \longrightarrow Na^+ + HSO_4^-$　　$HSO_4^- \longrightarrow \underline{\underline{H^+}} + SO_4^{2-}$

例題　塩の水溶液の性質

次の塩 **A**～**D** の水溶液の液性を記せ。

A NH_4NO_3　　**B** Na_2SO_4　　**C** Na_2CO_3　　**D** $NaHSO_4$

解説 **A**；強酸の HNO_3 と弱塩基の NH_3 の正塩であるから，水溶液は酸性。

B；強酸の H_2SO_4 と強塩基の NaOH の正塩であるから，水溶液は中性。

C；弱酸の H_2CO_3 と強塩基の NaOH の正塩であるから，水溶液は塩基性。

D；最重要 41 − 2 より，酸性塩の $NaHSO_4$ は酸性。

答 **A**；**酸性**　**B**；**中性**　**C**；**塩基性**　**D**；**酸性**

Na_2CO_3水溶液と塩酸の2段階中和は，次の2点をおさえる。

NaOHが含まれたり，H_2SO_4の場合も次の2段階中和を基準にして解く。

1 **2価の弱塩基の中和滴定**として次の2段階で中和反応が起こる。

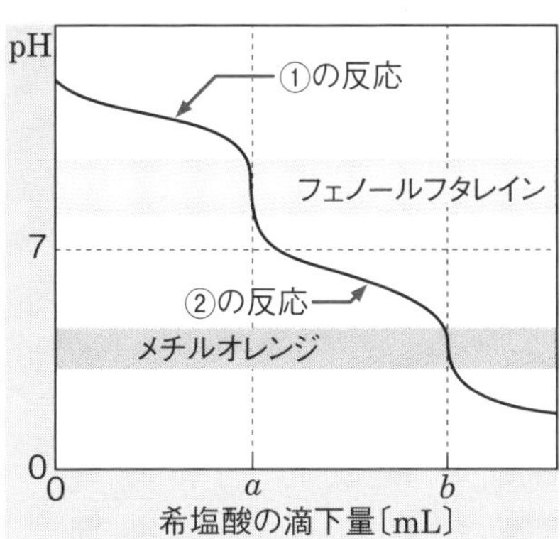

① **塩酸0～*a*〔mL〕の反応**

Na_2CO_3 + HCl（強酸） ⟶ $NaHCO_3$ + NaCl

⇨ **フェノールフタレイン**

② **塩酸*a*～*b*〔mL〕の反応**

$NaHCO_3$ + HCl ⟶ NaCl + H_2O + CO_2（水溶液中ではH_2CO_3（弱酸））

⇨ **メチルオレンジ**

2 **1**の①と②は反応する塩酸の体積が等しい。そして反応する塩基と酸の**物質量**には次の関係がある。

Na_2CO_3 = ①**の**HCl = ②**の**HCl

入試問題例　Na_2CO_3と塩酸の２段階中和　鹿児島大改

炭酸ナトリウムと水酸化ナトリウムの混合物を水に溶かした水溶液20mLをビーカーにとり，指示薬①を用いて0.10mol/Lの希塩酸で滴定した。指示薬①の変色後，さらに指示薬②を加えて滴定を続けた。右のグラフはその滴定曲線で，Ⅰ，Ⅱはそれぞれ指示薬①，②の示した終点である。

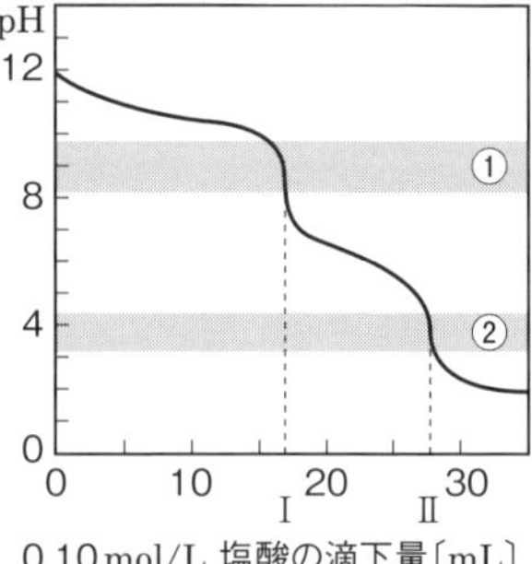

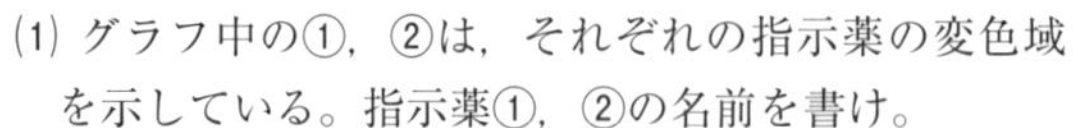

(1) グラフ中の①，②は，それぞれの指示薬の変色域を示している。指示薬①，②の名前を書け。

(2) Ⅰまでに起こった反応およびⅠ～Ⅱの間で起こった反応をそれぞれ化学反応式ですべて書け。

(3) Ⅰ，Ⅱにおける塩酸の滴下量はそれぞれ17.0mLと28.0mLであった。はじめの水溶液中の炭酸ナトリウムと水酸化ナトリウムのモル濃度を求めよ。

解説 (1) 最重要42－**1**より，①は，フェノールフタレイン，②は，メチルオレンジ。

(2) 0～Ⅰの反応は，$Na_2CO_3 + HCl \longrightarrow NaHCO_3 + NaCl$,

$NaOH + HCl \longrightarrow NaCl + H_2O$ ← NaOHの中和反応はⅠで完結する。

Ⅰ～Ⅱの反応は，$NaHCO_3 + HCl \longrightarrow NaCl + H_2O + CO_2$

(3) 0～Ⅰ；17.0mL，Ⅰ～Ⅱ；28.0－17.0＝11.0mL

最重要42－**2**より，Na_2CO_3および$NaHCO_3$と反応するHClの物質量が等しいことから，Na_2CO_3の物質量は，$0.10\times\frac{11.0}{1000}=1.1\times10^{-3}$mol

Na_2CO_3水溶液のモル濃度は，$1.1\times10^{-3}\times\frac{1000}{20}=5.5\times10^{-2}$mol/L

0～Ⅰで滴下した17.0mLのうち，Ⅰ～Ⅱの滴下量と同じ11.0mLがNa_2CO_3との反応に使われるので，

NaOH水溶液のモル濃度は，$0.10\times\frac{17.0-11.0}{1000}\times\frac{1000}{20}=3.0\times10^{-2}$mol/L

答 (1) ① **フェノールフタレイン**　② **メチルオレンジ**

(2) Ⅰまで；$Na_2CO_3 + HCl \longrightarrow NaHCO_3 + NaCl$,

$NaOH + HCl \longrightarrow NaCl + H_2O$

Ⅰ～Ⅱ；$NaHCO_3 + HCl \longrightarrow NaCl + H_2O + CO_2$

(3) 炭酸ナトリウム；**5.5×10^{-2}mol/L**

水酸化ナトリウム；**3.0×10^{-2}mol/L**

11 酸化還元反応

最重要 43

酸化・還元について，まず，次の表の酸素・水素・電子・酸化数の関係をおさえる。

	酸化された	還元された
酸素　O	受け取った(増加した)	失った(減少した)
水素　H	失った(減少した)	受け取った(増加した)
電子　e^-	**失った**(減少した)	**受け取った**(増加した)
酸化数	**増加した**	**減少した**

解説 酸化数とは，原子の状態を基準にして，授受した電子の数を示す数値である。

次の酸化数の求め方を確実に覚える。

1 **単体 ⇨ 0，単原子イオン ⇨ 電荷**

解説 H_2のHの酸化数は0，Na^+のNaの酸化数は+1。

2 **化合物 ⇨ 合計 0**
Na，K，H ⇨ +1，　O ⇨ −2
} を基準とする。

多原子イオンは，同じ基準で**合計を電荷**とする。

解説 ▶Na_2SO_4のSの酸化数xは，$(+1)\times2+x+(-2)\times4=0$　∴　$x=+6$
　　← 化合物は合計が0。

▶NH_4^+のNの酸化数xは，$x+(+1)\times4=+1$　∴　$x=-3$
　　← 多原子イオンは合計が電荷。

▶例外として，H_2O_2ではOの酸化数が−1（Hの酸化数+1を基準とする）。

▶NaHではHの酸化数が−1（Naの酸化数+1を基準とする）。

例題 **酸化数**

次の(1)~(4)の化学式の下線上の原子の酸化数を求めよ。

(1) $\underline{N}_2$　(2) $K_2\underline{Cr}_2O_7$　(3) $\underline{Mn}O_4^-$　(4) $\underline{Al}_2(SO_4)_3$

解説 (1) 最重要44－**1**より，単体の酸化数は0。

(2) 最重要44－**2**より，$(+1)\times2+x\times2+(-2)\times7=0$　∴　$x=+6$

(3) 最重要44－**2**より，$x+(-2)\times4=-1$　∴　$x=+7$

(4) Al^{3+}とSO_4^{2-}からなるイオン結合の物質だから，$x=+3$

答 (1) **0**　(2) **+6**　(3) **+7**　(4) **+3**

最重要 45 酸化・還元の判別の原則と酸化還元反応の次のポイントをおさえておく。

1 酸化・還元の判別

- **無機物質** ⇨ **酸化数の増減**による。
- **有機化合物** ⇨ **O・Hの増減**による。

（これが原則。）

解説
▶無機物質
- 電子を失った ⇨ 酸化数が増加 ⇨ 酸化された。
- 電子を受け取った ⇨ 酸化数が減少 ⇨ 還元された。

▶有機化合物
- Oが増加(減少)した ⇨ 酸化(還元)された。
- Hが増加(減少)した ⇨ 還元(酸化)された。

2 酸化還元反応；酸化数が変化する反応。

⇨ **単体が関係**(単体が反応または生成)**する反応**は，酸化還元反応。

補足 **酸化と還元は同時に起こる。**⇨ 酸化されたものがあれば，還元されたものがある。

単体が関係しない酸化還元反応

単体が関係していない(化合物のみの)反応は，次の3パターンが出題される。

① $2HgCl_2 + SnCl_2 \longrightarrow Hg_2Cl_2 + SnCl_4$
　$2FeCl_3 + SnCl_2 \longrightarrow 2FeCl_2 + SnCl_4$
　（$SnCl_2$が酸化される。）

② $SO_2 + H_2O_2 \longrightarrow H_2SO_4$　　$SO_2 + PbO_2 \longrightarrow PbSO_4$
　（SO_2が酸化される。）

③ $\left.\begin{matrix}KMnO_4\\K_2Cr_2O_7\end{matrix}\right\}$ + H_2SO_4 +〔SO_2，$(COOH)_2$，$SnCl_2$など〕⟶ ……
　（これらは強力な酸化剤。）

例題 酸化・還元と酸化還元反応

(1) 次の変化において，もとの物質が，酸化されたものにはO，還元されたものにはR，どちらでもないものにはNを記せ。

① $I_2 \longrightarrow KI$

② $FeCl_2 \longrightarrow FeCl_3$

③ $MnO_4^- \longrightarrow Mn^{2+}$

④ $SO_2 \longrightarrow SO_3^{2-}$

⑤ $CH_3CHO \longrightarrow CH_3COOH$

(2) 次の反応のうち，酸化還元反応でないものはどれか。

① $2KI + Cl_2 \longrightarrow 2KCl + I_2$

② $MnO_2 + 4HCl \longrightarrow MnCl_2 + 2H_2O + Cl_2$

③ $2NH_4Cl + Ca(OH)_2 \longrightarrow CaCl_2 + 2H_2O + 2NH_3$

④ $2HgCl_2 + SnCl_2 \longrightarrow Hg_2Cl_2 + SnCl_4$

解説 (1) 酸化数の変化

① I；0 → −1　よって，還元。

② Fe；+2 → +3　よって，酸化。

③ Mn；+7 → +2　よって，還元。

④ S；+4 → +4　よって，どちらでもない。

⑤ 有機化合物の反応であるから，**最重要45－1**より，O・Hの増減による。
Oが増加(C，Hは変化がない)。よって，酸化。

(2) **最重要45－2**をおさえれば解答できる。

①はI_2とCl_2，②はCl_2のように，単体が関係しているから酸化還元反応。

③は，酸化数の変化がなく，酸化還元反応ではない。

④は，酸化数がHg；+2 → +1，Sn；+2 → +4　よって，酸化還元反応。

前ページの〈単体が関係しない酸化還元反応〉の①

答 (1) ① **R**　② **O**　③ **R**　④ **N**　⑤ **O**

(2) ③

最重要 46

酸化剤・還元剤と反応における酸化・還元との関係を確実に理解。

反応の酸化・還元は受け身，
酸化剤・還元剤は能動的であることに着目。

酸化剤 として作用 ⇨ **還元された**
⇨ **酸化数が減少した原子**を含む。

還元剤 として作用 ⇨ **酸化された**
⇨ **酸化数が増加した原子**を含む。

解説
酸化剤；相手の物質を酸化する物質 ⇨ 自身は還元されやすい物質。
還元剤；相手の物質を還元する物質 ⇨ 自身は酸化されやすい物質。

入試問題例　酸化数の変化と酸化剤・還元剤　日本女子大

次の反応式の下線上の物質は，酸化剤，還元剤のどちらとしてはたらいているか。

① $\underline{MnO_2}$ + 4HCl ⟶ $MnCl_2$ + $2H_2O$ + Cl_2

② $\underline{SO_2}$ + Cl_2 + $2H_2O$ ⟶ H_2SO_4 + 2HCl

③ $2HgCl_2$ + $\underline{SnCl_2}$ ⟶ Hg_2Cl_2 + $SnCl_4$

④ $\underline{H_2O_2}$ + 2KI + H_2SO_4 ⟶ $2H_2O$ + I_2 + K_2SO_4

解説　最重要46をおさえておけば解答できる。

① Mn；+4 → +2　酸化数が減少した原子を含むので，酸化剤。

② S；+4 → +6　酸化数が増加した原子を含むので，還元剤。

③ Sn；+2 → +4　酸化数が増加した原子を含むので，還元剤。

④ O；−1 → −2　酸化数が減少した原子を含むので，酸化剤。

答　① **酸化剤**　② **還元剤**　③ **還元剤**　④ **酸化剤**

最重要 47

H_2O_2 と SO_2 の次の**特性**に着目する。

1 H_2O_2；**酸化剤**であるが，$KMnO_4$ や $K_2Cr_2O_7$ とは**還元剤**として反応。

解説 酸化剤：$H_2O_2 + 2H^+ + 2e^- \longrightarrow 2\underline{H_2O}$
還元剤：$H_2O_2 \longrightarrow \underline{O_2} + 2H^+ + 2e^-$
〔**還元剤としてはたらく例**〕
$5H_2O_2 + 2KMnO_4 + 3H_2SO_4 \longrightarrow 5O_2 + 2MnSO_4 + K_2SO_4 + 8H_2O$

2 SO_2；**還元剤**であるが，H_2S とは**酸化剤**として反応。

解説 還元剤：$SO_2 + 2H_2O \longrightarrow \underline{SO_4^{2-}} + 4H^+ + 2e^-$
酸化剤：$SO_2 + 4H^+ + 4e^- \longrightarrow \underline{S} + 2H_2O$
〔**酸化剤としてはたらく例**〕
$SO_2 + 2H_2S \longrightarrow 3S + 2H_2O$

酸化還元反応の**イオン反応式**は，次の **4 点**が重要。

1
両辺の各元素の原子数の合計と電荷の合計が互いに等しい。
酸化数の差 ＝ 電子 e^- の数

解説 $Cr_2O_7^{2-} + 14H^+ + 6e^- \longrightarrow 2Cr^{3+} + 7H_2O$ において，
電荷：左辺の合計＝右辺の合計＝＋6
Crの酸化数：＋6 ⟶ ＋3　　その差（＋3）×2 ⇨ 電子：6 個（$6e^-$）

2 酸化剤と還元剤のイオン反応式より，1 つのイオン反応式をつくる場合
⇨ **電子 e^- を消去**するように 2 つのイオン反応式を**合計**する。

補足 ［酸化剤の受け取る e^- の物質量］＝［還元剤の放出する e^- の物質量］

3 次の**水溶液の色**の変化も覚えておく。

MnO_4^-（**赤紫色**）⟶ Mn^{2+}（**淡桃色**）⟵ 赤紫色が消えてほぼ無色になる。
$Cr_2O_7^{2-}$（**赤橙色**）⟶ Cr^{3+}（**暗緑色**）

4 次の1つの化学式あたりの電子の授受の数を覚えておく。

← 計算問題に便利。

- **受け取る電子数**(酸化剤)
  - $KMnO_4$(MnO_4^-) ⇨ **$5e^-$**
  - $K_2Cr_2O_7$($Cr_2O_7^{2-}$) ⇨ **$6e^-$**
- **与える電子数**(還元剤)
  - H_2O_2, SO_2, $(COOH)_2$, H_2S, $SnCl_2$ ⇨ **$2e^-$**
  - $FeSO_4$ ⇨ **e^-** ← $FeSO_4$以外2個と覚える。

例 $KMnO_4$とH_2O_2の反応 ⇨ $KMnO_4$: H_2O_2 = 2 mol : 5 mol ← 反応式を知らなくても計算できる。

($5e^- \times 2$)　($2e^- \times 5$)

入試問題例 酸化還元反応式と酸化還元滴定

福島大 改

消毒剤のオキシドールは過酸化水素を含む。2.00×10^{-2} mol/Lの過マンガン酸カリウム水溶液を用いて，市販のオキシドールに含まれる過酸化水素の濃度を下記の手順により決定する。ただし，オキシドール中で酸化還元反応に寄与するのは過酸化水素のみとする。

① 市販のオキシドールをホールピペットで10.0 mLとり，100 mLメスフラスコに入れて10倍に希釈する。

② ①の希釈したオキシドールをホールピペットで10 mLとりコニカルビーカーに入れ，3.00 mol/Lの希硫酸を1.00 mL加える。

③ 過マンガン酸カリウム水溶液をビュレットに入れる。

④ ビュレット中の過マンガン酸カリウム水溶液をコニカルビーカー中のオキシドールへ滴下し，滴定する。

⑤ 滴下量からもとのオキシドール中の過酸化水素の濃度を算出する。

(1) 水でぬれているホールピペットとビュレットを使用する場合には，それらを共洗いする必要がある。その理由を簡潔に説明せよ。

(2) **A**～**C**のイオン反応式または化学反応式を示せ。

A 硫酸酸性下で過マンガン酸イオンが還元される化学反応のイオン反応式

B 過酸化水素が酸化される化学反応のイオン反応式

C 硫酸を加えた過酸化水素と過マンガン酸カリウムとの酸化還元反応の化学反応式

(3) 滴下量が18.0 mLであるとき，もとのオキシドール中の過酸化水素の濃度を，モル濃度および質量パーセント濃度でそれぞれ算出せよ。ただし，オキシドールの密度を$1.00\ g/cm^3$とする。分子量；H_2O_2 = 34

解説 (1) 最重要38－**2** 参照。

(2) **C**；最重要48－**2** より，**A** と **B** のイオン反応式から電子 e^- を消去するように，**A** と **B** を合計する。**A**×2＋**B**×5で電子を消去すると，以下のようになる。

$$2MnO_4^- + 5H_2O_2 + 6H^+ \longrightarrow 2Mn^{2+} + 5O_2 + 8H_2O \quad \cdots\cdots\cdots\cdots \mathbf{C'}$$

硫酸を加えた過酸化水素と過マンガン酸カリウムとの酸化還元反応なので，**C′** の両辺に $2K^+$，$3SO_4^{2-}$ を加えると，解答のような化学反応式になる。

(3) **C** もしくは **C′** の係数より，$MnO_4^- : H_2O_2 = 2 : 5$ の比で酸化還元反応が起こることがわかる。希釈した過酸化水素の濃度を x〔mol/L〕とすると，

$$x \times \frac{10.0}{1000} \times 2 = 2.00 \times 10^{-2} \times \frac{18.0}{1000} \times 5 \qquad \therefore \quad x = 9.00 \times 10^{-2}\,\text{mol/L}$$

よって，もとのオキシドール中の過酸化水素のモル濃度は，

$$9.00 \times 10^{-2} \times 10 = 9.00 \times 10^{-1}\,\text{mol/L}$$

また，最重要33－**2** より，求める質量パーセント濃度は，

$$\frac{9.00 \times 10^{-1} \times 34}{1000 \times 1.00} \times 100 = 3.06\,\%$$

答 (1) **水にぬれたまま使用すると溶液が希釈されてしまうから。**

(2) **A**；$MnO_4^- + \mathbf{8}H^+ + \mathbf{5}e^- \longrightarrow Mn^{2+} + \mathbf{4}H_2O$

B；$H_2O_2 \longrightarrow O_2 + \mathbf{2}H^+ + \mathbf{2}e^-$

C；$\mathbf{2}KMnO_4 + \mathbf{5}H_2O_2 + \mathbf{3}H_2SO_4$

$\longrightarrow \mathbf{2}MnSO_4 + \mathbf{5}O_2 + \mathbf{8}H_2O + K_2SO_4$

(3) モル濃度；**1.00×10^{-3} mol/L**

質量パーセント濃度；**3.06%**

12 金属のイオン化傾向と電池

最重要 49

まず，**金属のイオン化列**を確実に覚える。

(大) Li　K　Ca　Na　Mg　Al　Zn　Fe　Ni　Sn　Pb
リッチに　カそう　カ　ナ　マ　ア　ア　テ　ニ　スる　ナ
(H_2)　Cu　Hg　Ag　Pt　Au (小)
ヒ　ド　ス　ギる　ハッ　キン
(借金)

解説 ▶単体の金属の原子が水溶液中で電子を放出して陽イオンになる性質を金属の**イオン化傾向**といい，イオン化傾向の大きい順に金属を並べたものを**金属のイオン化列**という。

▶$CuSO_4$ 水溶液にZn板を入れると，Zn板の表面にCuが付着する。

$Cu^{2+} + Zn \longrightarrow Zn^{2+} + Cu$　⇨ イオン化傾向 Zn＞Cu

補足 金属のイオン化列は，電池・電気分解・金属単体の性質などの基準となる。

例題　金属のイオン化傾向と反応

次の水溶液中の反応のうち，起こりにくい反応はどれか。

① $Cu^{2+} + Pb \longrightarrow Pb^{2+} + Cu$
② $Pb^{2+} + Fe \longrightarrow Fe^{2+} + Pb$
③ $2Ag^{+} + Cu \longrightarrow Cu^{2+} + 2Ag$
④ $Mg^{2+} + Zn \longrightarrow Zn^{2+} + Mg$

解説 イオン化傾向の大きい金属の単体がイオンとなり，小さい金属のイオンが析出する。

イオン化傾向：① Pb＞Cuより，起こる。
② Fe＞Pbより，起こる。
③ Cu＞Agより，起こる。
④ Mg＞Znより，起こりにくい。

答 ④

イオン化傾向の大きい金属ほど，化学的に活発なことから，次の水と酸の反応をおさえる。

1

- **常温の水**と反応 ⇨ Li，K，Ca，Na
- 高温の
  - **水**と反応 ⇨ Mg
  - **水蒸気**と反応 ⇨ Al，Zn，Fe

← イオン化傾向が大きいグループ。いずれもH_2を発生。

解説 ▶イオン化傾向がNi以下は，水とは反応しない。

▶反応式　$2Na + 2H_2O \longrightarrow 2NaOH + H_2\uparrow$

$Mg + 2H_2O \longrightarrow Mg(OH)_2 + H_2\uparrow$

$3Fe + 4H_2O \longrightarrow Fe_3O_4 + 4H_2\uparrow$

補足 空気中でLi，K，Ca，Naは直ちに，Mg，Al，Zn，Feは徐々に酸化される。

2

- **一般の酸**と反応 ⇨ H_2よりイオン化傾向が大きい金属。
- **硝酸，熱濃硫酸**とのみ反応 ⇨ Cu，Hg，Ag

← ただしPbは塩酸・希硫酸と反応しにくい。

解説 ▶一般の酸との反応 ⇨ H^+と金属との反応；

$Zn + H_2SO_4 \longrightarrow ZnSO_4 + H_2\uparrow$

$Mg + 2HCl \longrightarrow MgCl_2 + H_2\uparrow$

▶Pbは塩酸，希硫酸と反応すると，それぞれ水に難溶の$PbCl_2$，$PbSO_4$が表面に生じて反応しなくなる。

▶硝酸，熱濃硫酸は，酸化作用のある強酸である。

- **希硝酸**：　$3Cu + 8HNO_3 \longrightarrow 3Cu(NO_3)_2 + 4H_2O + 2NO\uparrow$
- **濃硝酸**：　$Cu + 4HNO_3 \longrightarrow Cu(NO_3)_2 + 2H_2O + 2NO_2\uparrow$
- **熱濃硫酸**：$Cu + 2H_2SO_4 \longrightarrow CuSO_4 + 2H_2O + SO_2\uparrow$

▶Pt，Auは**王水**〔濃硝酸と濃塩酸の混合物(体積比 1：3)〕のみと反応する。

補足 **その他の酸，塩基との反応**；イオン化傾向と関係のない酸，塩基との反応。

① Al，Fe，Niは，濃硝酸によって**不動態**となり，反応しない。

② Al，Zn，Sn，Pbは**両性金属**で，強塩基水溶液（← NaOHなど。）と水素を発生して溶ける。

← 「ア(Al)ア(Zn)スン(Sn)ナリ(Pb)と両性に愛される」と覚える。

入試問題例　金属のイオン化傾向　新潟大

5種類の金属**A**～**E**を用いて以下の実験を行った。**A**～**E**は銀，銅，亜鉛，鉄，マグネシウムのいずれかである。**A**～**E**はそれぞれどの金属か。

〔実験1〕**A**～**E**をそれぞれ希硫酸中に浸したところ，**A**，**C**および**E**では気体が発生したが，**B**と**D**では反応しなかった。

〔実験2〕**E**は熱水と反応して気体を発生した。

〔実験3〕**A**と**C**をそれぞれ濃硝酸中に浸したところ，**A**からは気体が発生したが，**C**からは気体が発生しなかった。

〔実験4〕**B**のイオンを含む水溶液に**D**を入れると，**B**が析出した。

解説　最重要50をおさえれば，簡単に解答できる。

〔実験1〕イオン化傾向が，**A**，**C**，**E**は水素より大きく，**B**，**D**は小さい。

〔実験2〕**E**は，熱水と反応することからMgである。

〔実験3〕**A**，**C**は，水素よりイオン化傾向が大きいから，ZnかFeである。このうち，濃硝酸と反応しない**C**は，不動態となるFeである。よって，**A**はZnである。

〔実験4〕この反応から，イオン化傾向は**D**＞**B**。よって，**D**はCu，**B**はAgである。

答　**A**；**亜鉛**　**B**；**銀**　**C**；**鉄**　**D**；**銅**　**E**；**マグネシウム**

金属のイオン化傾向と電池の形成をおさえる。

2種類の金属を**電解質水溶液中**に入れると，**電池**を**形成**する。

イオン化傾向の
- **大きい**ほうの**金属** ⇨ **負極**；**極板が溶けて陽イオン**となる。
- **小さい**ほうの**金属** ⇨ **正極**；溶液中の**陽イオン**が電子を受け取り**析出**。

解説 ▶**負極の金属A板**；イオン化傾向が大きい ⇨ A ⟶ A^+(溶液中) + e^-(A板上)

▶**負極**(**A板**) {電子 e^- ⟶ / ⟵ 電　流} **正極** ⟵ 電子と電流の流れる方向は逆。

補足 **トタンとブリキの腐食**；鉄Feに，トタンはZn，ブリキはSnをメッキしたものである。イオン化傾向がZn＞Fe＞Snより，トタンでは，Zn ⟶ Zn^{2+} + $2e^-$，ブリキでは，Fe ⟶ Fe^{2+} + $2e^-$のように反応する。したがって，ブリキのほうが，Feが「イオンになりやすい」⇨「腐食しやすい(さびやすい)」ことになる。

例題 **2種類の金属と電池**

次の①～⑤の各組の金属を，食塩水中に対立させて浸し，2つの金属を液外で導線でつなぐとき，その導線を電流がA金属からB金属に流れるのはどの組か。

	①	②	③	④	⑤
A	亜　鉛	銅	銅	亜　鉛	ニッケル
B	銀	鉄	銀	銅	銀

解説 電流が**A**から**B**へと流れるので，**A**が正極，**B**が負極となることがわかる。よって，イオン化傾向が**A**＜**B**の組を選ぶ。

答 ②

ダニエル電池，マンガン乾電池，燃料電池の共通点・相違点・特性をおさえる。

		ダニエル電池		マンガン乾電池	燃料電池
構造	負極	Zn		Zn	Pt・H_2
	正極	Cu		C（正極端子）・MnO_2	Pt・O_2
	電解液	$ZnSO_4$aq	$CuSO_4$aq	$ZnCl_2$aq，NH_4Claq	H_3PO_4aq
反応	負極	$Zn \longrightarrow Zn^{2+}+2e^-$		$Zn \longrightarrow Zn^{2+}+2e^-$	$H_2 \longrightarrow 2H^++2e^-$
	正極	$Cu^{2+}+2e^- \longrightarrow Cu$		H^+とMnO_2が反応	$O_2+4H^++4e^- \longrightarrow 2H_2O$
	全体	$Zn+Cu^{2+} \longrightarrow Zn^{2+}+Cu$			$2H_2+O_2 \longrightarrow 2H_2O$
放電による特性		負極は軽くなり，正極は重くなる。		生じるZn^{2+}はNH_4^+と反応 ⇨ 錯イオンとなる。	生成物が水なので，環境汚染がない。

解説 ▶aqはラテン語のaqua（水）の略で，多量の水を表す。

▶ダニエル電池の電解液の$ZnSO_4$水溶液と$CuSO_4$水溶液との間は，素焼き筒（板）などで仕切る。⇨ 素焼き筒は，溶液は混合させないが，イオンは通過する。

▶マンガン乾電池の電解液を，ZnOを含むKOHaqに変えたものを**アルカリマンガン乾電池**といい，より長時間にわたって電流をとり出せる。

▶**燃料電池**の次の2種類の構造とその反応を知っておこう。

① $(-)\ H_2\ |\ H_3PO_4aq\ |\ O_2\ (+)$ $\begin{cases}(-)\ H_2 \longrightarrow 2H^+ + 2e^- \\ (+)\ O_2 + 4H^+ + 4e^- \longrightarrow 2H_2O\end{cases}$

② $(-)\ H_2\ |\ KOHaq\ |\ O_2\ (+)$ $\begin{cases}(-)\ H_2 + 2OH^- \longrightarrow 2H_2O + 2e^- \\ (+)\ O_2 + 2H_2O + 4e^- \longrightarrow 4OH^-\end{cases}$

①，②ともに，全体の反応は，$2H_2 + O_2 \longrightarrow 2H_2O$

鉛蓄電池の構造と特性をおさえる。

鉛蓄電池の構造 ⇨ 負極にPb，正極にPbO_2，電解液に希硫酸。

解説 鉛蓄電池は，充電によってくり返し使うことができる**二次電池**である。

補足 充電によって再利用できない電池を**一次電池**という。

鉛蓄電池は，その構造とともに，放電・充電における電極と電解液の変化を確実に理解せよ。

負極 電解液 正極 放電 負極 電解液 正極

$$Pb + 2H_2SO_4 + PbO_2 \underset{充電}{\overset{放電}{\rightleftarrows}} PbSO_4 + 2H_2O + PbSO_4$$

解説 ▶負極；$Pb \rightleftarrows PbSO_4$，正極；$PbO_2 \rightleftarrows PbSO_4$より，両極とも放電により重くなり，充電により軽くなる。

（$PbSO_4$は水に難溶で，表面に付着する。）

▶電解液；$H_2SO_4 \rightleftarrows H_2O$より，放電によって硫酸の濃度が減少し，溶液の密度が小さくなる。また，充電によって硫酸の濃度が増加し，密度が大きくなる。

入試問題例　ダニエル電池と鉛蓄電池

日本女子大改

文中の①～⑤，⑩，⑪に適切な語，語句，⑥～⑨には適切な酸化数を入れよ。

電池(化学電池)は，酸化還元反応を利用して化学エネルギーを電気エネルギーに変える装置である。素焼き板を隔てて，亜鉛板を硫酸亜鉛の水溶液に浸したものと，銅板を硫酸銅(Ⅱ)水溶液に浸したものとを組み合わせた電池を(　①　)という。この電池の負極では(　②　)が還元剤としてはたらき，正極では(　③　)が酸化剤としてはたらく。

電池の中には充電して再生できるものもある。充電できる電池として，自動車のバッテリーなどで使用される鉛蓄電池がある。鉛蓄電池は，負極活物質に(　④　)，正極活物質に(　⑤　)，電解液には希硫酸が使われている。放電後，負極ではPbの酸化数が(　⑥　)から(　⑦　)へ，正極ではPbの酸化数が(　⑧　)から(　⑨　)へと変化する反応が起こり，両極の表面に(　⑩　)が生じて，電解液の硫酸の濃度が次第に(　⑪　)くなる。充電では外部から電圧をかけて，放電と逆向きの反応を起こすことで，起電力が回復する。

解説 ②，③ 最重要52より，負極では$Zn \longrightarrow Zn^{2+} + 2e^-$の反応が起こり，Znが還元剤としてはたらく(Zn自身は酸化される)。また正極では，$Cu^{2+} + 2e^- \longrightarrow Cu$の反応が起こり，$Cu^{2+}$が酸化剤としてはたらく($Cu^{2+}$自身は還元される)。

④～⑩ 発展5より，負極では，$Pb \longrightarrow PbSO_4$(Pbの酸化数；$0 \rightarrow +2$)，正極では，$PbO_2 \longrightarrow PbSO_4$(Pbの酸化数；$+4 \rightarrow +2$)の反応が起こる。

答 ① **ダニエル電池**　② **亜鉛**　③ **銅(Ⅱ)イオン**　④ **鉛**
⑤ **酸化鉛(Ⅳ)**　⑥ **0**　⑦ **+2**　⑧ **+4**　⑨ **+2**
⑩ **硫酸鉛(Ⅱ)**　⑪ **小さ**

13 電気分解と金属の製錬

水溶液をPt極(またはC極)で電気分解すると，陽極ではCl_2かO_2，陰極ではCu，AgかH_2が生成。

1 陽極

- Cl^-，I^-が存在 ⇨ Cl_2，I_2が生成。← 出題の多くはCl_2
- OH^-が存在 ⇨ O_2が発生。
- $SO_4{}^{2-}$，$NO_3{}^-$が存在 ⇨ O_2が発生，H^+(溶液中)生成。

解説
▶ Cl^-，I^-が存在：$2Cl^- \longrightarrow Cl_2\uparrow + 2e^-$，$2I^- \longrightarrow I_2 + 2e^-$
▶ OH^-が存在：$4OH^- \longrightarrow 2H_2O + O_2\uparrow + 4e^-$
▶ $SO_4{}^{2-}$，$NO_3{}^-$が存在：$2H_2O \longrightarrow O_2\uparrow + 4H^+ + 4e^-$

2 陰極

- Cu^{2+}，Ag^+が存在 ⇨ Cu，Agが析出。
- H^+が存在 ⇨ H_2が発生。
- K^+，Ca^{2+}，Na^+，Mg^{2+}，Al^{3+}が存在 ⇨ H_2が発生，OH^-(溶液中)生成。← イオン化傾向の大きい金属のイオン。

解説
▶ Cu^{2+}，Ag^+が存在：$Cu^{2+} + 2e^- \longrightarrow Cu$，$Ag^+ + e^- \longrightarrow Ag$
▶ H^+が存在：$2H^+ + 2e^- \longrightarrow H_2\uparrow$
▶ K^+，Ca^{2+}，Na^+，Mg^{2+}，Al^{3+}が存在：$2H_2O + 2e^- \longrightarrow H_2\uparrow + 2OH^-$

水溶液をCu極で電気分解したとき，陽極のCuが溶けてイオンとなることに着目。

$CuSO_4$水溶液をCu極で電気分解
- **陽極** ⇨ **極板が溶け出す**(Cu^{2+})
- **陰極** ⇨ **Cuが析出**

解説 陽極の反応；$Cu \longrightarrow Cu^{2+} + 2e^-$　陰極の反応；$Cu^{2+} + 2e^- \longrightarrow Cu$

補足 **銅の電解精錬**；転炉から得られた銅は不純物を含み(純度99.4％程度)，**粗銅**という。粗銅を陽極，純銅を陰極とし，$CuSO_4$水溶液を電気分解すると，陰極に純度99.99％以上の**純銅**が析出する(⇨ *p.83*)。

例題 **水溶液の電気分解生成物**

次の化合物の水溶液を電気分解したとき，各極で析出や発生する物質，または溶け出すイオンの化学式を答えよ。また，そのときの溶液の変化を記せ。(　)内は電極を示す。

(1) $CuCl_2$ (C)　(2) NaCl (C)　(3) $AgNO_3$ (Pt)
(4) H_2SO_4 (Pt)　(5) $CuSO_4$ (Cu)

解説 発展6，7を確実におさえておけば解答できる。

(1) 陽極；$2Cl^- \rightarrow Cl_2\uparrow + 2e^-$　陰極；$Cu^{2+} + 2e^- \rightarrow Cu$
(2) 陽極；$2Cl^- \longrightarrow Cl_2\uparrow + 2e^-$　陰極；$2H_2O + 2e^- \longrightarrow H_2\uparrow + 2OH^-$
(3) 陽極；$2H_2O \longrightarrow O_2\uparrow + 4H^+ + 4e^-$　陰極；$Ag^+ + e^- \longrightarrow Ag$
(4) 陽極；$2H_2O \longrightarrow O_2\uparrow + 4H^+ + 4e^-$　陰極；$2H^+ + 2e^- \longrightarrow H_2\uparrow$
(5) 陽極；$Cu \longrightarrow Cu^{2+} + 2e^-$　陰極；$Cu^{2+} + 2e^- \longrightarrow Cu$

答 (1) 陽極；Cl_2　陰極；Cu　溶液；$CuCl_2$ (Cu^{2+}, Cl^-)**が減少**
(2) 陽極；Cl_2　陰極；H_2　溶液；Cl^-**が減少し，**OH^-**が増加** ← 塩基性の溶液へ。
(3) 陽極；O_2　陰極；Ag　溶液；Ag^+**が減少し，**H^+**が増加** ← 酸性の溶液へ。
(4) 陽極；O_2　陰極；H_2　溶液；**水が減少** ← 水の電気分解。
(5) 陽極；Cu^{2+}　陰極；Cu　溶液；**変化なし**
↖ 陽極が減り，陰極が増える。

発展 8

電気分解において，**流れた電気量**とイオン・物質の**変化量**の問題は，次の **2 つ**をおさえる。

1 **電子 1 mol の電気量 ＝ 9.65×10^4 C**

電流〔A〕× 時間〔s〕＝ 電気量〔C〕

A：アンペア　s：秒　C：クーロン

解説 ファラデー定数 $F = 9.65 \times 10^4$ C/mol

2 **電気分解；電子 1 mol が流れると，**

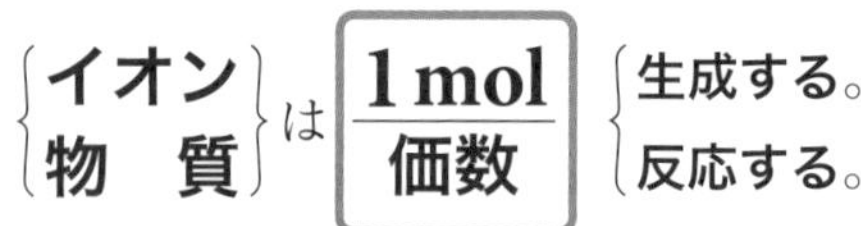

解説 電気分解において，極板で変化した物質の量は，流れた電気量に比例するという関係を**ファラデーの電気分解の法則**という。

電子 1 mol が流れたときの具体的な量

① **金属**：Ag^+ 1 mol ⟶ Ag 1 mol（= 108 g），

Cu^{2+} $\frac{1}{2}$ mol ⟶ Cu $\frac{1}{2}$ mol $\left(= \frac{63.5}{2}\,\text{g}\right)$

② **気体**：H^+ 1 mol ⟶ H 1 mol ⇨ H_2 $\frac{1}{2}$ mol $\left(= \frac{22.4}{2}\,\text{L} = 11.2\,\text{L}\right.$；標準状態$\left.\right)$

Cl^- 1 mol ⟶ Cl 1 mol ⇨ Cl_2 $\frac{1}{2}$ mol $\left(= \frac{22.4}{2}\,\text{L} = 11.2\,\text{L}\right.$；標準状態$\left.\right)$

O^{2-} $\frac{1}{2}$ mol ⟶ O $\frac{1}{2}$ mol ⇨ O_2 $\frac{1}{4}$ mol $\left(= \frac{22.4}{4}\,\text{L} = 5.6\,\text{L}\right.$；標準状態$\left.\right)$

最重要 54

金属の製法は，イオン化列を基準にして原理を理解する。

← イオン化傾向の大きい金属ほど遊離(還元)しにくい。

1 Li，K，Ca，Na，Mg，Al ⇨ **溶融塩電解** による還元。

解説 ▶イオン化傾向の大きいこれらの金属は，還元力が強いため，電気分解によってはじめて遊離する。

水溶液ではない。

▶酸化物や塩化物の結晶を加熱融解して，電気分解によって還元する。

これらはイオン化傾向が 1 に次いで大きい金属。

2 Zn，Fe，Sn，Pb ⇨ **コークス(C)** または **CO** による還元。

解説 硫化物などを酸化物とし，コークスとともに加熱し，CやCOによる還元作用によって遊離する。

これらはイオン化傾向が小さい。

3 Cu，Ag ⇨ **硫化物を強熱**して還元。

解説 Cuは鉱石を硫化物とし，Agは硫化物である鉱石を，それぞれ強熱して還元する。

Alの製法は，ボーキサイト ⇨ Al_2O_3 ⇨ 溶融塩電解

1 **ボーキサイト**を濃NaOH水溶液に入れ，加熱してAl_2O_3とする。

解説 ボーキサイト(主成分$Al_2O_3 \cdot nH_2O$)を濃NaOH水溶液に入れて$Al(OH)_3$の沈殿を取り出し，加熱してAl_2O_3とする。

← アルミナともいう。

融解塩電解ともいう。

2 Al_2O_3に**氷晶石**を加えて**溶融塩電解**する。

解説 氷晶石Na_3AlF_6を加えることによって，Al_2O_3の高い融点(2054℃)を下げる。(約1000℃まで)

3 **溶融塩電解**；Al_2O_3と氷晶石の混合物を融解状態で電気分解。

$Al_2O_3 \longrightarrow 2Al^{3+} + 3O^{2-}$ ⇨

- 陰極；$Al^{3+} + 3e^- \longrightarrow Al$
- 陽極(C極)；$O^{2-} + C \longrightarrow CO + 2e^-$

(または$2O^{2-} + C \longrightarrow CO_2 + 4e^-$)

入試問題例　溶融塩電解　弘前大

Na，Mg，Alなどは，〔(a)〕がきわめて大きいので，その水溶液を電気分解しても，陰極では〔(b)〕が発生するだけで金属の単体は析出しない。これらを得るには，その無水物の化合物を高温にして，融解状態で電気分解する。Alの単体は，ボーキサイトからAl_2O_3をつくり，これを〔(c)〕とともに融解し，炭素を電極として電気分解して製造する。

(1) 文中の(a)〜(c)に語句を入れよ。

(2) Alの電気分解の全体反応は，$2Al_2O_3 + 3C \longrightarrow 4Al + 3CO_2$で表される。陰極・陽極で起こる変化を，それぞれ$e^-$を用いた反応式で表せ。

解説 (1) (a)いずれもイオン化傾向が大きい。

(b)水溶液の陰極では，金属が析出しないで，H_2が発生する。← H_2Oが分解する。

(c)氷晶石は融解温度を下げる(最重要55−2)。

(2) 陰極ではAl^{3+}が電子を受け取ってAlとなり，陽極ではO^{2-}が電子を失ってOとなり，さらに，炭素極が反応して全体の式に記されたCO_2となる(最重要55−3)。← COの場合もある。

答 (1) (a) **イオン化傾向**　(b) **水素**　(c) **氷晶石**

(2) 陰極：$Al^{3+} + \mathbf{3e^-} \longrightarrow Al$

陽極：$\mathbf{2}O^{2-} + C \longrightarrow CO_2 + \mathbf{4e^-}$

最重要 56

鉄の製法では，その反応とともに銑鉄(せんてつ)と鋼(こう)にも着目する。

1 溶鉱炉に鉄鉱石・コークス・石灰石を入れ，熱風を送る ⇨ 銑鉄

（溶鉱炉：高炉ともいう。　コークス：C　石灰石：$CaCO_3$）

解説 ▶**鉄鉱石** ⇨ **赤鉄鉱** Fe_2O_3，**磁鉄鉱** Fe_3O_4

〔**溶鉱炉内の反応**〕

コークスが燃えて，$C + O_2 \longrightarrow CO_2$ ⇨ $CO_2 + C \longrightarrow 2CO$（還元剤）

$3Fe_2O_3 + CO \longrightarrow 2Fe_3O_4 + CO_2$ ⇨ $Fe_3O_4 + CO \longrightarrow 3FeO + CO_2$

⇨ $FeO + CO \longrightarrow Fe + CO_2$

まとめると，$Fe_2O_3 + 3CO \longrightarrow 2Fe + 3CO_2$

▶溶鉱炉から得られた鉄は**銑鉄**で，**炭素が約4％**のほか，ケイ素や硫黄などの不純物を含む。⇨ 硬くて，もろい。鋳物に利用。

2 転炉に銑鉄を移し，酸素を吹き込む ⇨ 鋼

（酸素を吹き込む：銑鉄に含まれるCがCO_2となって除かれる。）

解説 転炉から得られた鉄は**鋼**で，銑鉄から炭素の含量を減らし，不純物を除いたもの。

⇨ 硬くて，弾力性に富み，強じん。レールや建築材料に利用。

⇨ 鋼の炭素は0.02～2％で，炭素の含量の違いと熱処理の違いによって性質の異なる鋼となる。

例題 銑鉄と鋼

次の記述①～⑥は，「銑鉄」，「鋼」，両方に「共通」のどれにあてはまるか。

① 炭素が約4％含まれる。　② 鉄骨やレールに用いる。
③ 溶鉱炉から得られた鉄。　④ 弾力性がある。
⑤ 塩酸を加えると水素を発生する。　⑥ 転炉から取り出した鉄。

解説 ①，③ 溶鉱炉から得られた鉄は銑鉄で，炭素の含量が約4％と多い。

②，④，⑥ 銑鉄を転炉に移して炭素分を少なくした鉄が鋼で，弾力性があり，強じんで，鉄骨やレールに用いる。

⑤ どちらも鉄と塩酸が反応して水素を発生する。

答 ① **銑鉄**　② **鋼**　③ **銑鉄**　④ **鋼**　⑤ **共通**　⑥ **鋼**

入試問題例　鉄の製法　熊本大

鉄は鉄鉱石とコークス，石灰石を原料として溶鉱炉で鉄鉱石を還元することにより製造される。溶鉱炉中では，コークスから生じた［　①　］が赤鉄鉱の主成分であるFe_2O_3を鉄に還元する反応が起こっている。ここで得られた鉄は［　②　］を約3.5％以上含むため，もろくて延性や展性に乏しく，［　③　］とよばれている。融解した［　③　］に空気や酸素を吹き込んで燃焼させ，［　②　］の量を0.02～2％程度に減少させると機械的強度に優れた［　④　］が得られる。鉄鉱石中のおもな不純物として含まれているケイ砂は石灰石と反応してケイ酸カルシウムとなって取り除かれる。

(1) 上の文中の①～④に適切な語句を記せ。

(2) 下線部について，製鉄の過程で起こる化学反応式を２つ記せ。

(3) Fe_2O_3の含有率(質量％)が95％の赤鉄鉱から鉄1tを製造するには，何tの赤鉄鉱が必要か。

原子量；C＝12，O＝16，Fe＝56

解説 (1) ① 最重要56－1より，コークスが燃えて，$C \longrightarrow CO_2 \longrightarrow CO$の順で一酸化炭素が生成する。

②，③ 最重要56－1参照。

④ 最重要56－2参照。

(2) 最重要56－1参照。還元反応の化学反応式は，中間生成物のFe_3O_4，FeOを消去して，式をまとめる。

(3) $Fe_2O_3 + 3CO \longrightarrow 2Fe + 3CO_2$

この化学反応式の係数より，Fe_2O_3 1molから鉄2molが生成する。必要な赤鉄鉱をx〔t〕とすると，含有率が95％であることに留意して，

$$\frac{1.0\times10^6 x}{160}\times0.95\times2=\frac{1.0\times10^6}{56} \qquad \therefore \quad x \fallingdotseq 1.5\,\mathrm{t}$$

答 (1) ① **一酸化炭素**　② **炭素**　③ **銑鉄**　④ **鋼**

(2) $C + CO_2 \longrightarrow 2CO$（または$2C + O_2 \longrightarrow 2CO$），

$Fe_2O_3 + 3CO \longrightarrow 2Fe + 3CO_2$

(3) **1.5t**

銅の製法は，次の経路における電解精錬がポイント。溶鉱炉 → 転炉 → 電解精錬

1 銅鉱石から溶鉱炉・転炉によって粗銅とする。

解説 銅鉱石はおもに**黄銅鉱**$CuFeS_2$で，溶鉱炉で硫化銅(Ⅰ)Cu_2Sとし，転炉に移して熱風を送って銅とする。この銅は不純物を含み，純度が99.4％程度で，**粗銅**という。

← Fe, Ni, Ag, Auなど。

2 電解精錬；粗銅を純銅とする。

解説 ▶硫酸銅(Ⅱ)水溶液中に，**粗銅を陽極**，純銅を陰極として電気分解する。陰極では純度が99.99％以上の**純銅が析出**する。（← 硫酸酸性。）

$$\begin{cases} \text{陽極}：Cu \longrightarrow Cu^{2+} + 2e^- \\ \text{陰極}：Cu^{2+} + 2e^- \longrightarrow Cu \end{cases}$$

▶不純物Fe，Ni，Ag，Auのうち，イオン化傾向がCuより大きいFe，Niはイオンとなって溶け，小さいAg，Auは沈殿
⇨ **陽極泥**

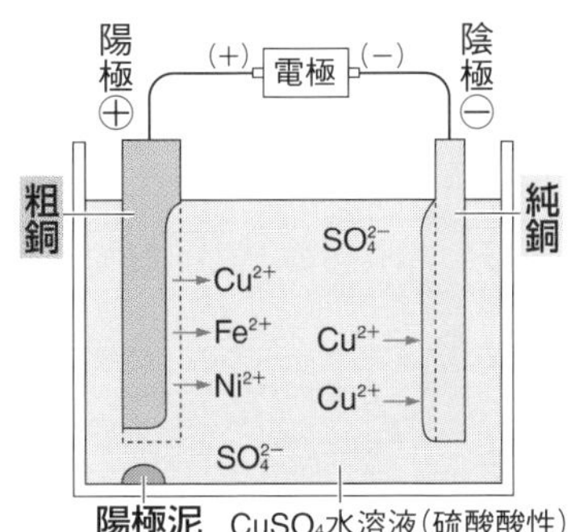

入試問題例　銅の製法　　星薬大 改

銅は，黄銅鉱を溶鉱炉や転炉で空気を吹き込みながら加熱して得られるが，この銅は［①］とよばれ，さらに純度の高い銅を得るために［①］と純銅を電極とした［②］が行われる。［②］によって不純物の一部は［③］となって沈殿する。

(1) 上の文中の①～③に適切な語句を記せ。

(2) 次の**ア～オ**の金属のうち，③に含まれるものを２つ選べ。

ア Fe　**イ** Ni　**ウ** Zn　**エ** Ag　**オ** Au

解説 (2) 最重要57－**2**より，イオン化傾向がCuより大きいFe，Ni，Znは溶けて溶液中にイオンとして存在するが，イオン化傾向がCuより小さいAg，Auは陽極泥として沈殿する。

答 (1) ① **粗銅**　② **電解精錬**　③ **陽極泥**

(2) **エ**，**オ**

元素の周期表

周期＼族	1	2	3	4	5	6	7	8	9
1	水素 1H 1.008								
2	リチウム 3Li 6.941	ベリリウム 4Be 9.012							
3	ナトリウム 11Na 22.99	マグネシウム 12Mg 24.31							
4	カリウム 19K 39.10	カルシウム 20Ca 40.08	スカンジウム 21Sc 44.96	チタン 22Ti 47.87	バナジウム 23V 50.94	クロム 24Cr 52.00	マンガン 25Mn 54.94	鉄 26Fe 55.85	コバルト 27Co 58.93
5	ルビジウム 37Rb 85.47	ストロンチウム 38Sr 87.62	イットリウム 39Y 88.91	ジルコニウム 40Zr 91.22	ニオブ 41Nb 92.91	モリブデン 42Mo 95.95	テクネチウム 43Tc 〔99〕	ルテニウム 44Ru 101.1	ロジウム 45Rh 102.9
6	セシウム 55Cs 132.9	バリウム 56Ba 137.3	ランタノイド 57～71	ハフニウム 72Hf 178.5	タンタル 73Ta 180.9	タングステン 74W 183.8	レニウム 75Re 186.2	オスミウム 76Os 190.2	イリジウム 77Ir 192.2
7	フランシウム 87Fr 〔223〕	ラジウム 88Ra 〔226〕	アクチノイド 89～103	ラザホージウム 104Rf 〔267〕	ドブニウム 105Db 〔268〕	シーボーギウム 106Sg 〔271〕	ボーリウム 107Bh 〔272〕	ハッシウム 108Hs 〔277〕	マイトネリウム 109Mt 〔276〕

元素名 — 水素
原子番号 — 1
元素記号 — H
原子量 — 1.008

元素記号
- 色文字……常温で気体
- 灰色文字…常温で液体
- その他……常温で固体

遷移元素（他は典型元素）：3族〜9族

ランタノイド	ランタン 57La 138.9	セリウム 58Ce 140.1	プラセオジム 59Pr 140.9	ネオジム 60Nd 144.2	プロメチウム 61Pm 〔145〕	サマリウム 62Sm 150.4	ユウロピウム 63Eu 152.0
アクチノイド	アクチニウム 89Ac 〔227〕	トリウム 90Th 232.0	プロトアクチニウム 91Pa 231.0	ウラン 92U 238.0	ネプツニウム 93Np 〔237〕	プルトニウム 94Pu 〔239〕	アメリシウム 95Am 〔243〕

＊安定な同位体がなく，同位体の天然存在比が一定しない元素については，その元素の最もよく知られた同位体のなかから1種を選んでその質量数を〔　〕内に示してある。

□…非金属元素

□…金属元素

10	11	12	13	14	15	16	17	18	族 / 周期
								ヘリウム 2He 4.003	1
			ホウ素 5B 10.81	炭素 6C 12.01	窒素 7N 14.01	酸素 8O 16.00	フッ素 9F 19.00	ネオン 10Ne 20.18	2
			アルミニウム 13Al 26.98	ケイ素 14Si 28.09	リン 15P 30.97	硫黄 16S 32.07	塩素 17Cl 35.45	アルゴン 18Ar 39.95	3
ニッケル 28Ni 58.69	銅 29Cu 63.55	亜鉛 30Zn 65.38	ガリウム 31Ga 69.72	ゲルマニウム 32Ge 72.63	ヒ素 33As 74.92	セレン 34Se 78.97	臭素 35Br 79.90	クリプトン 36Kr 83.80	4
パラジウム 46Pd 106.4	銀 47Ag 107.9	カドミウム 48Cd 112.4	インジウム 49In 114.8	スズ 50Sn 118.7	アンチモン 51Sb 121.8	テルル 52Te 127.6	ヨウ素 53I 126.9	キセノン 54Xe 131.3	5
白金 78Pt 195.1	金 79Au 197.0	水銀 80Hg 200.6	タリウム 81Tl 204.4	鉛 82Pb 207.2	ビスマス 83Bi 209.0	ポロニウム 84Po 〔210〕	アスタチン 85At 〔210〕	ラドン 86Rn 〔222〕	6
ダームスタチウム 110Ds 〔281〕	レントゲニウム 111Rg 〔280〕	コペルニシウム 112Cn 〔285〕	ニホニウム 113Nh 〔278〕	フレロビウム 114Fl 〔289〕	モスコビウム 115Mc 〔289〕	リバモリウム 116Lv 〔293〕	テネシン 117Ts 〔293〕	オガネソン 118Og 〔294〕	7

ガドリニウム 64Gd 157.3	テルビウム 65Tb 158.9	ジスプロシウム 66Dy 162.5	ホルミウム 67Ho 164.9	エルビウム 68Er 167.3	ツリウム 69Tm 168.9	イッテルビウム 70Yb 173.0	ルテチウム 71Lu 175.0
キュリウム 96Cm 〔247〕	バークリウム 97Bk 〔247〕	カリホルニウム 98Cf 〔252〕	アインスタイニウム 99Es 〔252〕	フェルミウム 100Fm 〔257〕	メンデレビウム 101Md 〔258〕	ノーベリウム 102No 〔259〕	ローレンシウム 103Lr 〔262〕

104番以降の諸元素の化学的性質については明らかになっていない。

索引

な行

は行

ま行

や行

ら行

□ 編集協力　向井勇揮
□ 本文デザイン　二ノ宮 匡（ニクスインク）
□ 図版作成　㈲デザインスタジオエキス．藤立育弘

シグマベスト
**大学入試
化学基礎の最重要知識
スピードチェック**

著　者　目良誠二
発行者　益井英郎
印刷所　中村印刷株式会社
発行所　株式会社文英堂
〒601-8121　京都市南区上鳥羽大物町28
〒162-0832　東京都新宿区岩戸町17
(代表)03-3269-4231

●落丁・乱丁はおとりかえします。